博 学 硕 果

急性有氧运动对自我控制的干预研究

项明强 著

暨南大学出版社
JINAN UNIVERSITY PRESS
中国·广州

图书在版编目（CIP）数据

急性有氧运动对自我控制的干预研究 /项明强著.—广州：暨南大学出版社，2022.12
ISBN 978－7－5668－3557－4

Ⅰ.①急… Ⅱ.①项… Ⅲ.①气体代谢（运动生理）—健身运动—影响—自我控制—研究 Ⅳ.①B842.6

中国版本图书馆 CIP 数据核字（2022）第 237474 号

急性有氧运动对自我控制的干预研究
JIXING YOUYANG YUNDONG DUI ZIWO KONGZHI DE GANYU YANJIU
著　者：项明强

出 版 人：张晋升
策划编辑：黄　颖
责任编辑：黄　颖　刘舜怡
责任校对：周海燕　陈慧妍
责任印制：周一丹　郑玉婷

出版发行：暨南大学出版社（511443）
电　　话：总编室（8620）37332601
　　　　　营销部（8620）37332680　37332681　37332682　37332683
传　　真：（8620）37332660（办公室）　37332684（营销部）
网　　址：http：//www.jnupress.com
排　　版：广州市天河星辰文化发展部照排中心
印　　刷：佛山市浩文彩色印刷有限公司
开　　本：787mm×1092mm　1/16
印　　张：13
字　　数：200 千
版　　次：2022 年 12 月第 1 版
印　　次：2022 年 12 月第 1 次
定　　价：66.00 元

序　言

　　自我控制是指人们克服先天性欲望、习惯或固有行为反应的倾向，以及持之以恒地维持适应性行为的能力，以实现个体的长远目标（Baumeister et al.，2007）。在运动与锻炼心理学领域，研究者采用序列范式或并行范式考察了急性有氧运动对自我控制的影响及其脑机制。序列范式是指让个体先完成急性有氧运动，再执行自我控制任务；并行范式是指个体同时执行急性有氧运动和自我控制两项任务。然而，无论是在序列范式下还是并行范式下，以往研究获取的有关急性有氧运动对自我控制影响的结果却不一致。在理论层面，研究者采用倒 U 形假设（McMorris & Graydon，2000）、认知 - 能量模型（Audiffren，2009；Hockey，1997；Sanders，1983）、网状结构激活和额叶功能减退（reticular-activating hypofrontality，简称 RAH）模型（Dietrich，2003；Dietrich & Audiffren，2011）和自我控制的力量模型（Baumeister et al.，1994；Baumeister et al.，2007）等观点来解释急性有氧运动与自我控制之关系。遗憾的是，尚无一种理论模型可完整地解释急性有氧运动与自我控制之间的复杂关系。例如，在序列范式下，倒 U 形假设不能进一步解释高强度运动如何降低自我控制；在并行范式下，认知 - 能量模型和 RAH 模型无法解释急性有氧运动对自我控制的促进效应。更重要的是，该领域的实验研究中存在一些不足和改善空间。比如，在研究内容上，较少考察急性有氧运动的强度对多种类型自我控制影响的剂量效应；在研究设计上，较少同时采用序列范式和并行范式考察运动强度对自我控制的影响；在脑机制的研究上，较少探讨运动强度和运动时间对自我控制影响的脑机制。为了解决该领域目前存在的问题，本书进行了3项子研究（包含5个实验），系统考察了急性有氧运动对自我控制的影响及其脑机制。

研究一采用序列范式，通过3个实验分别考察急性有氧运动的强度对认知、疼痛和行为3种类型自我控制的影响。研究对象均为本科生，3个实验的样本量分别为81名、71名和72名。结果发现，急性有氧运动的强度对不同类型自我控制的影响均存在剂量效应。即中等和低强度运动有利于提升3种类型的自我控制；高强度运动会损害认知的自我控制，提升疼痛的自我控制，但不会影响行为的自我控制。

研究二采用并行范式，通过实验4考察运动强度和运动时间对自我控制的影响，研究对象为78名本科生。结果发现，在运动前期，高、中、低强度的急性有氧运动均可提升自我控制；在运动后期，中等和低强度运动会提升自我控制，但高强度运动会降低自我控制。

研究三运用功能性近红外光谱技术（functional near-infrared spectroscopy，简称fNIRS），同时采用序列范式和并行范式，通过实验5考察运动强度和运动时程对自我控制影响的脑机制，研究对象为14名本科生。序列范式实验结果显示，低强度运动会提升自我控制，高强度运动不影响自我控制，而且这种行为表现与左背外侧前额叶皮层（L-DLPFC）和右背外侧前额叶皮层（R-DLPFC）脑激活模式表现出同步性。并行范式实验结果显示，低强度运动会提升自我控制，且不随运动时间的延长而发生变化，这与左背外侧前额叶皮层脑激活模式表现出同步性；高强度运动在运动前期会提升自我控制，但在运动后期则会损害自我控制，这与右背外侧前额叶皮层和右侧额极区（R-FPA）的脑激活模式表现出同步性。

　　基于上述实验结果，本书提出自我控制能量恢复观点来解释序列范式下急性有氧运动对自我控制影响的剂量效应，提出自我控制溢出观点来解释并行范式下急性有氧运动提升自我控制的作用。这两个观点可补充现有的理论，进而形成一个更完善的整合观点来解释急性有氧运动与自我控制之复杂关系。

目　录

绪　论

物质充裕的消费社会充满了各种诱惑，比如高热量的美食、欲罢不能的手机依赖、疯狂的"双十一"抢购、香烟美酒等等。为了抵制诱惑，人们须克制内心的欲望和冲动。然而，大多数人意志力薄弱，难以抵挡诱惑，致使失控成为一种常态。比如，想减肥，却无法抵挡美食诱惑；想学习，却难以抵御手机依赖；想存钱，却陷入了疯狂的"双十一"抢购；想要健康生活，却不能彻底地戒断烟酒。这些行为问题都与自我控制（self-control）失败有关。

自我控制是指人们克服先天性欲望、习惯或固有行为反应的倾向，以及持之以恒地维持适应性行为的能力，以实现个体的长远目标（Baumeister et al.，2007）。大量研究表明，与低自我控制的个体相比，高自我控制的个体能更好地控制思维、调节情绪和抑制冲动（Baumeister et al.，1998），而且这种高自我控制能力与健康生活方式密切相关，比如，能更好地调节心境、改善人际关系、增加财富、提高社会地位、提升幸福感和形成健康的行为模式。相反，低自我控制的个体则表现出诸多社会行为问题，比如暴饮暴食、犯罪、拖延、滥用药物和冲动性购买商品等（Moffitt et al.，2011；Tangney et al.，2004；Vohs & Faber，2007）。可见，自我控制在日常生活中扮演着重要角色，成为社会心理学、临床心理学、发展心理学、运动心理学、健康心理学、犯罪学、社会学和医学等学科关注的热点问题之一。

如果将个体的社会行为问题归结于自我控制失败，那么探讨影响自我控制的因素，以及探寻提升自我控制的方法和途径显得意义非凡。在运动与锻炼心理学领域，有氧运动与自我控制之关系引起了研究者的广泛关注（Baker et al.，2010；Englert，2016；Hagger et al.，2010b；Zou et al.，2016）。有氧运动可分为急性有氧运动（acute aerobic exercise）和长期有氧运动（chronic aerobic exercise）。急性有氧运动是指在氧气充分供应的情况下，一次性的体育运动，通常持续时间为 10 ～ 60 分钟（Chang et al.，2012；Audiffren & André，2015）；而长期有氧运动是指一周之内进行多次急性有氧运动，维持数周、数月甚至数年。本书着重探讨急性有氧运动对自我控制的影响及其脑机制。从掌握的文献来看，研究者一般采用序列范式或并行范式来考察急性有氧运动与自我控制之关系（Audiffren & André，2015）。所谓的序列范式是指让个体先完成急性有氧运动，再执行自我控制任务，以考察急性有氧运动对自我控制的影响；并行范式是指个体同时执行急性有氧运动和自我控制两项任务，以考察急性有氧运动过程对自我控制的影响。然而，无论是在序列范式下还是并行范式下，以往研究所获取的急性有氧运动对自我控制影响的结果不一致，甚至相互矛盾。其中包括积极影响（Chang et al.，2012）、不会影响（Soga et al.，2015）和消极影响（Gropel et al.，2014）。针对这些不同影响效果，研究者采用倒 U 形假设（McMorris & Graydon，2000）、认知－能量模型（Audiffren，2009；Hockey，1997；Sanders，1983）、网状结构激活和额叶功能减退（reticular-activating hypofrontality，简称 RAH）模型（Dietrich，2003；Dietrich & Au-diffren，2011）和自我控制的力量模型（Baumeister et al.，1994；Baumeis-ter et al.，2007）等观点来解释急性有氧运动与自我控制之关系。遗憾的是，尚无一种理论观点可完整地解释急性有氧运动与自我控制之间的复杂关系，每种理论都存有局限性。例如，在序列范式下，倒 U 形假设不能进一步解释高强度运动如何降低自我控制；在并行范式下，认知－能量模型和 RAH 模型无法解释急性有氧运动对自我控制的促进效应。

　　上述问题若不及时解决，无疑会阻碍人们对急性有氧运动与自我控制之关系的认知进程和加深，极其有必要采用更科学的实验设计来检验现有理论的适用范围，进而提出整合理论或新理论观点。为此，我们对该领域现有文献进行了分析与归纳，发现该领域研究中存在三点不足和改善空间：①在自我控制的研究内容上，多数序列范式的研究仅考察了急性有氧运动对认知自我控制的影响，较少考察急性有氧运动对其他类型的自我控制的影响，比如情绪和行为自我控制；在运动强度的研究内容上，多数并行范式仅考察某一种运动强度，而未全面考察不同运动强度（高、中和低强度）对自我控制影响的剂量效应。②在研究设计上，以往研究一般采用序列范式或并行范式，较少同时采用这两种范式全面地考察急性有氧运动对自我控制的影响。③虽然有研究采用功能性近红外光谱技术（functional near-infrared spectroscopy，简称 fNIRS）探讨了急性有氧运动对自我控制影响的脑机制，但较少系统考察运动强度和运动时程（运动前、运动中和运动后）对自我控制影响的脑机制。

　　本书以上述三点不足和改善空间为切入点，尝试就急性有氧运动对自我控制的影响开展更科学的实验研究和更深入的探析，以完善、整合和拓展现有的相关理论。具体来说，本书的基本思路为：①在研究设计上，拟通过系统考察序列和并行两种范式下急性有氧运动对自我控制的影响，来对比这两种范式下的研究结果。②在研究内容上，序列范式下，同时考察高、中、低强度运动对认知、疼痛和行为自我控制影响的剂量效应；并行范式下，考察运动强度与运动时程对自我控制影响的剂量效应。③在脑机制方面，采用 fNIRS 技术，探讨运动强度和运动时程对自我控制影响的脑机制。

第一章　自我控制的急性有氧运动干预研究的进展

第一节　自我控制的概念

自我控制是指人们克服先天性欲望、习惯或固有行为反应的倾向，以及持之以恒地维持适应性行为的能力，其作用是促使人们抵制短期诱惑、遵守社会规则和规范，以实现个体的长远目标（Baumeister et al.，2007）。大量研究表明，自我控制能力与健康生活方式密切相关。比如，高自我控制的个体能更好地调节心境、改善人际关系、增加财富、提升幸福感和形成健康的行为模式。相反，低自我控制的个体则表现出诸多社会行为问题，比如暴饮暴食、犯罪、拖延、滥用药物和冲动性购买商品等（Moffitt et al.，2011；Tangney et al.，2004；Vohs & Faber，2007）。由于自我控制与自我调节、执行功能等概念相关，有必要对这些概念进行辨析。

一、自我控制与自我调节

自我控制与自我调节（self-regulation）两个概念关系密切，例如，Mamayek Paternoster & Loughran（2017）认为，自我控制与自我调节是相同的概念，因为高自我控制者更能调节和克制冲动。然而，我们认为，这两者的概念有差别，可概括为三点。

（1）概念范畴不同。自我调节是一个比较宽泛的概念，可以泛指一切"目标－导向"（goal-directed）行为，包括个体成长行为、成就行为以及团队实现共同目标的调控行为等（Hofmann et al.，2012）。一般而言，成功的自我调节包括"标准""动机"和"能力"三个重要成分。其中，标准是指个体认可、表征和监控的目标准则（包括思维、情绪和行为准则）；动机是指个体愿意投入更多的动机来调节目标准则与现实状态之间的差距；能力是指个体克服困难和障碍，从而使其行为符合目标准则的能力（Baumeister & Heatherton，1996）。而自我控制被认为是自我调节中的一个更窄的范围，是指个体有意识控制冲动、抵制短暂满足和欲望或者长时间维持适应性行为的能力，以实现长期利益为目标。

（2）调整方式不同。自我调节涉及对任何目标的追求过程，在短期需求满足（吃1块蛋糕）和长远目标实现（体重减10斤）之间均可发生自我调节。调节方式不一定是克制短期需求，只要是能让内心达到一种平衡状态的调节方式都可称为有效调节，比如吃蛋糕很满足，而不用考虑体重，这就是一种有效的调节方式。而自我控制一般是指抵制短暂的需求（不能吃蛋糕），以实现长远目标（体重减10斤）。

（3）有些自我调节不需要自我控制（Fujita，2011）。以罚篮为例，运动员需具备思维、情感和行为的自我调节能力，也就是将自身调节到最佳状态，然后执行合适的动作行为，以达到最佳水平，这种自我调节方式不包括自我控制。换句话说，运动员不需要思考罚篮会否成功，而只需有意识地控制投篮行为。

二、执行功能与自我调节（自我控制）

执行功能与自我调节（自我控制）关系密切，认知神经科学研究表明自我控制与大脑前额叶的执行控制存有密切联系（黎建斌，2013）。Hofmann 等人（2012）基于以往的研究成果，对执行功能的三个子成分与自我调节之间的关系进行了归纳（如表1－1所示）。

表 1 - 1　执行功能与自我调节之关系

执行功能	自我调节
操作功能	主动设定自我调节的目标准则
	自上而下注意控制，导向与目标相关信息，忽视无关刺激
	防止自我调节的目标准则受干扰
	调节不必要的情绪、渴望和欲望
抑制功能	主动抑制潜在的冲动、习惯和行为
转换功能	在实现目标的不同方式之间灵活转换（方式转换）
	在多个目标之间转换（目标转换）

注：改自 Hofmann et al.（2012）

从表 1 - 1 可知，在实现目标的过程中，执行功能中的操作（也称为刷新）、抑制和转换三个子功能是个体自我调节的重要支撑机制。特别是抑制功能，它不但是自我控制的核心概念，而且在日常生活中扮演着重要角色（Hofmann et al.，2012；Inzlicht et al.，2014）。正如 Baumeister（2014）所言，在日常生活中，人们有 80% ~ 90% 的自我调节与抑制功能有关，其中包括抵制欲望和冲动、控制思维和情绪等。鉴于此，我们拟从执行功能中的抑制功能来探讨自我控制，并将抑制控制这一概念界定为认知自我控制。

三、特质自我控制与状态自我控制

纵观整个自我控制研究，研究者主要采用特质自我控制（trait self-control）和状态自我控制（state self-control）两种研究取向。其中，特质自我控制是将自我控制界定为稳定的能力特质，被认为是人格结构的核心概念之一，不易受环境和时间的影响，是个体适应社会环境的前提（Connor，2013；Coyne et al.，2015），也是预测幸福感的重要因素（Briki，2017、2018）。通常情况下，研究者采用量表或者实验任务来测评个体的特质自我控制水平，并以此来预测个体的心理行为表现（Tangney et al.，

2004）。例如，早期 Mischel，Shoda & Peake（1988）采用延迟满足任务来测评儿童的特质自我控制，纵向跟踪 10 年，结果发现，高自我控制个体的学业成绩要优于低自我控制个体的成绩。此后，研究者对特质自我控制展开了大量研究。一项元分析结果表明，特质自我控制与众多心理行为存有显著性相关，如学习和工作成绩、饮食和体重控制、成瘾行为、人际关系、幸福感和适应、犯罪行为和计划决策等（de Ridder et al.，2012）。该项元分析进一步表明，与控制型行为相比，自我控制与自动化行为的相关系数要高；与实际行为相比，自我控制与想象行为的相关系数要高。此外，一些研究者探讨了特质自我控制的调节作用，如 Briki（2016）的研究表明，特质自我控制在身体活动动机与主观幸福感之间起调节作用。

状态自我控制将自我控制界定为一种短暂的行为表现，它容易受时间和环境的影响。通常情况下，研究者采用实验法来探讨状态自我控制的影响因素。大量的研究表明，个体的自我控制容易受当时情境的影响，比如先前执行的自我控制任务（Baumeister et al.，2007）、情绪状态（Tice et al.，2007）、积极放松（Englert & Bertrams，2016）、动机（Ampel et al.，2016）、谦虚品质（Tong et al.，2016）和有氧运动（Zou et al.，2016）等。本书主要聚焦于状态自我控制，探讨急性有氧运动与状态自我控制之间的关系。

第二节　自我控制的理论模型

综上所述，自我控制几乎涉及个体心理行为的各个方面，那么自我控制的机制是什么呢？对此，研究者提出了冷系统和热系统双系统模型（Hofmann et al.，2009）、选择模型（Berkman et al.，2017a、2017b）、自我控制的过程模型（Berkman et al.，2017a；Neal et al.，2017；Inzlicht et al.，2014）和自我控制的力量模型（Baumeister et al.，1998）。

一、双系统模型

从柏拉图到奥古斯丁，从笛卡尔到弗洛伊德，研究者喜欢将行为表现描述为两种不同心理操作的产物，致使自我控制的双系统模型备受研究者关注（Cohen，2017；Heatherton & Wagner，2011；Hofmann et al.，2009；Kahneman，2011）。虽然学界有不同版本的双系统模型，但其均有共同核心观点：个体行为是由两个截然相反的系统（系统 I 和系统 II）来调节的。

系统 I 是一个快系统，也被称为冲动系统、自动系统或者热系统。它会对周围环境刺激做出最直接快速的反应，特别是面临高激励价值刺激之时。这个系统主要是对时空上接近的刺激做出反应，能够满足短期目标的需求，并产生刻板和习惯性行为，即对身边或接近的诱惑产生冲动性行为（Hofmann et al.，2009）。系统 I 会降低远期目标或者需要付诸努力的目标刺激的价值（Apps et al.，2015；Westbrook et al.，2013）。该冲动系统与大脑中奖励或情绪皮层激活有关，如腹侧纹状体的伏隔核、杏仁核和脑岛等（Lopez et al.，2014）。

系统 II 是一个慢系统，也被称为冷静系统、控制系统或者冷系统。它负责更高阶的心理操作，对周围环境刺激会做出深思熟虑后的判断和评估，经过认真思考之后再做出行为反应（Hofmann et al.，2009）。与系统 I 不同，该系统会克服冲动系统的习惯性行为，并依据长期目标来调整行为以适应社会环境。系统 II 还会依据优先级和重要性的顺序来处理事物，这意味着它会受到个体注意能力的限制，而注意能力也会因此不时波动并发出相应处理需求（Cowan，2001）。该控制系统与外侧前额叶皮层区域相关（Berkman et al.，2011）。

双系统模型表明，个体行为是由两个独立系统共同作用的结果，它们之间相互支持或产生冲突。当这两个系统协调一致时，行为是由一个无冲突的自我协调过程所决定的。例如开车安全回家的目标系统会受到不闯红灯的冲动系统的支持。然而，当两个系统发生冲突之时就会出现自我控制的困境。例如一个节食者想获得美味但不健康的食物，在这个困境中，个体行为选择（吃与不吃）是由两个系统互相竞争，最终由获胜者决定的。换句话说，自我控制困境被认为是两种对立的处理模式之间的拔河比赛，要么冲动系统占主导地位，要么控制系统压制冲动系统并胜出（Lopez et al.，2017）。重要的是，这两种对立系统之间的平衡可能会被个体人格差异或情境因素影响，如疲劳程度、情绪、压力大小、饮酒与否和脑损伤与否等（Heatherton & Wagner，2011）。

二、选择模型

与双系统模型相反，选择模型认为自我控制不是两个对立系统互相竞争的结果，只不过是基于价值选择的行为结果（Berkman et al.，2017a；Neal et al.，2017）。依据此观点，自我控制是价值评估过程的产物，是对各种行为选项赋予相应的主观价值，然后通过动态整合这些竞争价值来决定采用何种行动方案的。因此，自我控制本质就是通过整合每个行为选项的收益减去它们的伴随成本，来计算每个行为选项的价值，然后选择和制订最有效的行动方案的（Berkman et al.，2017a）。有趣的是，无论是在实验室，还是在现实世界，未来结果价值似乎对成功自我控制显得十分重要（Krönke et al.，2020）。

选择收益的计算基于类似货币激励、社会认可、核心价值以及自主选择程度等要素（Berkman et al.，2017b；Ryan & Deci，2000）。选择成本的计算则基于类似预期奖励延迟和不确定性、所付出代价以及机会成本等要素（Kurzban et al.，2013；Westbrook et al.，2013）。最重要的是，收益与成本的计算是主观的、无规律的，而且因个人和环境而异。例如，个体在某一天的不同时间段对同一事件会给出截然不同的收益成本计算模式，以及不同的行为选择，甚至先前的行为也会影响行为选择（Inzlicht et al.，2014；Kurzban et al.，2013）。当代神经经济学的研究表明，这种价值信号的嘈杂整合涉及大脑腹内侧前额叶皮层（Hare et al.，2009），也有研究表明涉及背外侧前额叶皮层（Tusche & Hutcherson，2018）。

此外，也有选择模型试图将自我控制重新界定为基于价值的选择，也就是说，他们认为控制是一个独特的过程，独立于习惯性的反应形式（Berkman et al.，2017a）。然而，这一观点也存在争议（Shenhav，2017）。相比之下，其他选择模型处于中间立场，保留了自动和控制双重过程，为典型的双重过程模型增加了一个选择维度（Shenhav et al.，2013）。根据这一观点，自动系统和控制系统仍然在争夺主导地位，但个体是否执行控制取决于收益与成本的计算（Shenhav et al.，2013）。背侧前扣带皮层在确定总体期望值以及分配当前控制等方面发挥着特殊作用（Frömer et al.，2021；Shenhav et al.，2016）。如果背侧前扣带皮层认为控制是有价值的，那么就决定为该行为控制付出努力（Inzlicht et al.，2018）.

三、自我控制的过程模型

与需要付出努力的抑制控制不同，最近一些理论认为，自我控制也可以采用不费劲的策略来防止诱惑或协调冲突（Duckworth et al.，2016a；Gillebaart & de Ridder，2015；Hofmann & Kotabe，2012）。个体会采取不同的策略性自我控制来实现长期目标（Duckworth et al.，2018；Hennecke et al.，2019；Hofmann & Kotabe，2012），其中自我控制的过程模型是最突出的策略框架（Duckworth et al.，2016a）。

策略性自我控制可分为预防性策略（主动性）和干预性策略（反应性）（Braver，2012；Hofmann & Kotabe，2012）。预防性策略（过程模型中称为情境策略）是一种预期技术，用于尽量减少欲望在某个时间点的出现程度。换句话说，预防性策略是在事件出现之前，个体所采取的避免冲突的策略。根据过程模型，这些策略包括情境选择（即有意选择一个符合目标的环境来减少或消除诱惑）和情境修改（即改变环境的某些方面以减少或消除诱惑）。例如，个体在超市里选择不去零食区域，这样就不会买巧克力（情境选择）；家里已经有了巧克力，但可以将它放在橱柜里面，远离个体的视线（情境修改）。

然而，现实世界中我们不能完全预防因自我控制产生的冲突，此时个体可采用干预性策略（过程模型中称为认知策略）来应对与长期目标相冲突的现有诱惑。换句话说，干预性策略是个体用来管理已存在的冲突的策略的。根据过程模型，这些策略包括注意力转移，即将注意力从诱惑中转移开；认知变化，即关注长期目标的积极方面和现有诱惑的消极方面；反应调节，即用意志力来抵制诱惑。例如，个体吃晚餐时既可以回避桌子上的巧克力（注意力转移），也可以思考巧克力的热量以及吃了巧克力将产生的内疚感（认知变化），还可以说"不"，尽自己最大的努力不吃巧克力（反应调节）。

自我控制过程模型的一个核心特征是提供了一系列预防和干预诱惑的工具，个体可以使用这些工具来调节或尽量减少诱惑体验，从而实现长期目标。过程模型认为，诱惑在循环中以一种脉冲式不断地迭代，会变得越来越强大，因此干预得越早，相应策略越有效，成功的概率越高。例如，抵制巧克力诱惑最好的策略是不去购买它，而不是放在家里再去抵制它。虽然一些研究支持这一策略过程模型（Duckworth et al.，2016b），但很少有实证研究去比较不同策略的有效性。

四、自我控制的力量模型

（一）核心观点

自我控制力量模型的基本思想最早可追溯至 20 世纪 90 年代（Baumeister et al.，1994），至今已有近 30 年，但仍是如火如荼、方兴未艾。近年来，我国研究者不仅系统评价了自我控制力量模型的基本观点及其相关研究结果（董军等，2018；黎建斌，2013；项明强、张力为，2016；于斌等，2013；詹鋆、任俊，2012），而且开展了不少实证研究（范伟等，2016；费定舟等，2016；周基营、张力为，2016）。自我控制力量模型的核心可概括为三点：①自我控制是一个过程，且所有自我控制行为（比如抵制诱惑、克制冲动、坚持完成任务、调节情绪和做出决策）都需要消耗能量（energy）或意志力（will power）。②所有的自我控制行为都共用同一能量库，即自我控制的能量具有领域普遍性。③自我控制的能量有限，类似于肌肉力量，先前自我控制任务所消耗的能量若得不到立刻恢复，就会进入自我损耗（ego-depletion）状态，在这种状态下后续自我控制任务的成绩会降低。

总之，自我控制的力量模型认为，自我控制是一个过程，而自我损耗是一个状态。成功的自我控制行为取决于当前自我控制能量的可利用度，若能量不足，则会出现自我损耗效应（Baumeister et al.，2007）。

（二）研究范式

在自我控制的力量模型中，研究者采用双任务范式来探讨自我损耗效应。其实验程序为，实验组执行一项自我控制任务（损耗任务），而对照组则执行不需要自我控制的任务（非损耗任务）或休息，随后两组被试执行第二项自我控制任务（探测任务）（如图 1 - 1 所示）。

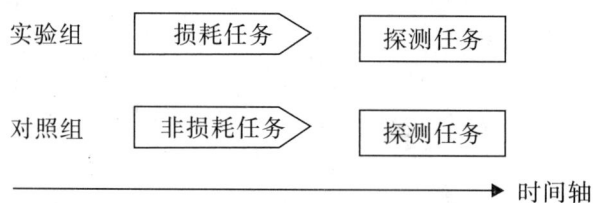

实验组　损耗任务　探测任务

对照组　非损耗任务　探测任务

时间轴

图 1 - 1　自我控制力量模型的研究范式

一般而言，损耗任务与探测任务不属于同一领域，这是为了比较两组在探测任务上的成绩差异。其基本逻辑是：如果自我控制需要消耗有限能量，那么实验组在先前的损耗任务中就会消耗部分能量，这使其在探测任务中能量不足；而对照组则不会消耗能量，这使其在探测任务中有较充足的能量,最终测试结果将导致实验组的探测任务成绩要低于对照组的成绩（Baumeister et al.,2007；董蕊、张力为,2010）。以 Muraven,Tice & Baumeister（1998）的实验 1 的程序为例。首先测试两组被试握手柄的时间,获得基线值；然后让他们观看情绪电影,实验组要求情绪控制（损耗任务）,对照组则不需要情绪控制（非损耗任务）；最后再测试两组握手柄的时间。结果显示,与基线值相比,实验组握手柄时间显著下降,而对照组则无显著变化,这说明实验组的自我控制下降,而对照组没有下降,支持了自我控制力量模型的核心观点。

（三）自我损耗的效果量

采用双任务的实验范式,研究者就自我损耗效应开展了数百项实验研究。Hagger 等人（2010a）对 83 个研究、198 个独立实验进行元分析,结果表明自我损耗对后续探测任务的影响存在中等效果量 $d = 0.62$,$95\% CI$ 为 $[0.57,0.67]$。该项研究将探测任务归为冲动控制、选择与意志、认知加工和社会加工四大类型,这意味着个体执行这些自我控制任务时均存在中等偏上的自我损耗效应。应指出的是,Hagger 等人（2010a）的研究未涉及运动领域,鉴于此,项明强等人（2017）对运动领域中的 31 项研究进行元分析,结果发现运动任务中的总体自我损耗为中等效果量 $d = 0.55$,$95\% CI$ 为 $[0.39,0.71]$（如图 1 - 2 所示）。然而,由于存在发表偏倚性,该运动领域中的中等效果量可能会被高估（项明强等,2017）。

研究	输出结果	每项研究的统计量					标准化均差和95%CI
		n	标准化均差	下限	上限	P	
Muraven 等（1998）-exp1	握手柄时间△	40	0.63	-0.01	1.26	0.053	
Bray 等(2008)	握手柄时间△	49	0.56	-0.01	1.13	0.056	
Bray 等（2011）	握手柄时间△	61	0.69	0.18	1.21	0.009	
Ciarocco 等（2001）-exp2	握手柄时间△	24	0.94	0.10	1.78	0.029	
Finkel 等(2006)-exp4	握手柄时间△	32	0.66	-0.06	1.37	0.071	
Graham 和 Bray (2015)	握手柄时间△	37	0.79	0.12	1.46	0.020	
Inzlicht 等(2006)-exp3	握手柄时间△	30	0.72	-0.02	1.46	0.056	
Martijn 等(2002)	握手柄时间△	33	0.72	0.01	1.42	0.046	
Martijn 等(2007)	握手柄时间△	37	0.67	0.01	1.34	0.046	
Muraven 和 Shmueli (2006)	握手柄时间	160	0.11	-0.20	0.42	0.500	
Tyler (2008)-exp2	握手柄时间△	30	0.97	0.21	1.73	0.012	
Tyler 和 Burns (2009)-exp1	握手柄时间△	60	0.97	0.43	1.50	0.000	
Tyler 和 Burns (2009)-exp2	握手柄时间△	60	1.19	0.64	1.74	0.000	
Xu 等(2014) -exp1	握手柄时间△	52	-0.31	-0.85	0.24	0.271	
Xu 等(2014) -exp2	握手柄时间△	50	-0.27	-0.83	0.28	0.338	
郭莹(2012)-exp1	握手柄时间△	29	0.46	-0.28	1.20	0.221	
Alberts 等(2007)- exp1	握手柄时间△★	37	0.88	0.21	1.56	0.011	
Alberts 等(2007)-exp2	握手柄时间△★	40	1.62	0.90	2.33	0.000	
Bray 等 (2013)	握手柄时间△★	48	0.69	0.11	1.27	0.020	
Tyler 和 Burns (2009)-exp3	握手柄时间△★	40	1.14	0.48	1.81	0.001	
Zhu 等(2015)-预实验	握哑铃时间	20	0.27	-0.61	1.15	0.546	
Geeraert 和 Yzerbyt(2007)-exp2b	握哑铃时间△	32	1.12	0.37	1.86	0.003	
Dorris 等(2012)-exp1	俯卧撑个数	24	0.49	-0.32	1.30	0.237	
Dorris 等(2012)-exp2	仰卧起坐个数	24	0.26	-0.54	1.07	0.522	
Englert 和 Bertrams (2012)-exp2	飞镖环数★	40	-0.18	-0.80	0.44	0.565	
Englert, Zwemmer 等 (2015)	飞镖环数★	28	-0.20	-0.94	0.54	0.598	
McEwan 等 (2013)	飞镖与中心距离	62	0.52	0.02	1.03	0.042	
Furley 等 (2013)	罚篮决策正确率	40	0.72	0.08	1.36	0.027	
Engler, Bertrams 等 (2015)	罚篮命中率	31	0.85	0.12	1.59	0.023	
Englert 和 Bertrams (2012)-exp1	罚篮命中率	64	0.25	-0.24	0.75	0.310	
Englert 和 Bertrams (2014)	起跑反应时	37	0.55	-0.10	1.21	0.098	
Englert, Persaud 等 (2015)	抢跑次数	38	1.12	0.44	1.81	0.001	
Wagstaff (2014)	功率自行车持续时间	20	0.54	-0.35	1.43	0.235	
Martin Ginis 和 Bray (2010)	运动消耗能量△	61	0.32	-0.18	0.83	0.208	
周基营(2015) -exp2a	九洞仪的直径等级★	61	0.18	-0.33	0.68	0.489	
周基营(2015) -exp2b	九洞仪的直径等级★	62	-0.38	-0.88	0.12	0.137	
吴颖(2014) -exp3	冒险行为选择	20	1.40	0.42	2.38	0.005	
总效应量		1613	0.55	0.39	0.71	0.000	

-2.00　-1.00　0.00　1.00　2.00
无损耗效应　　　有损耗效应

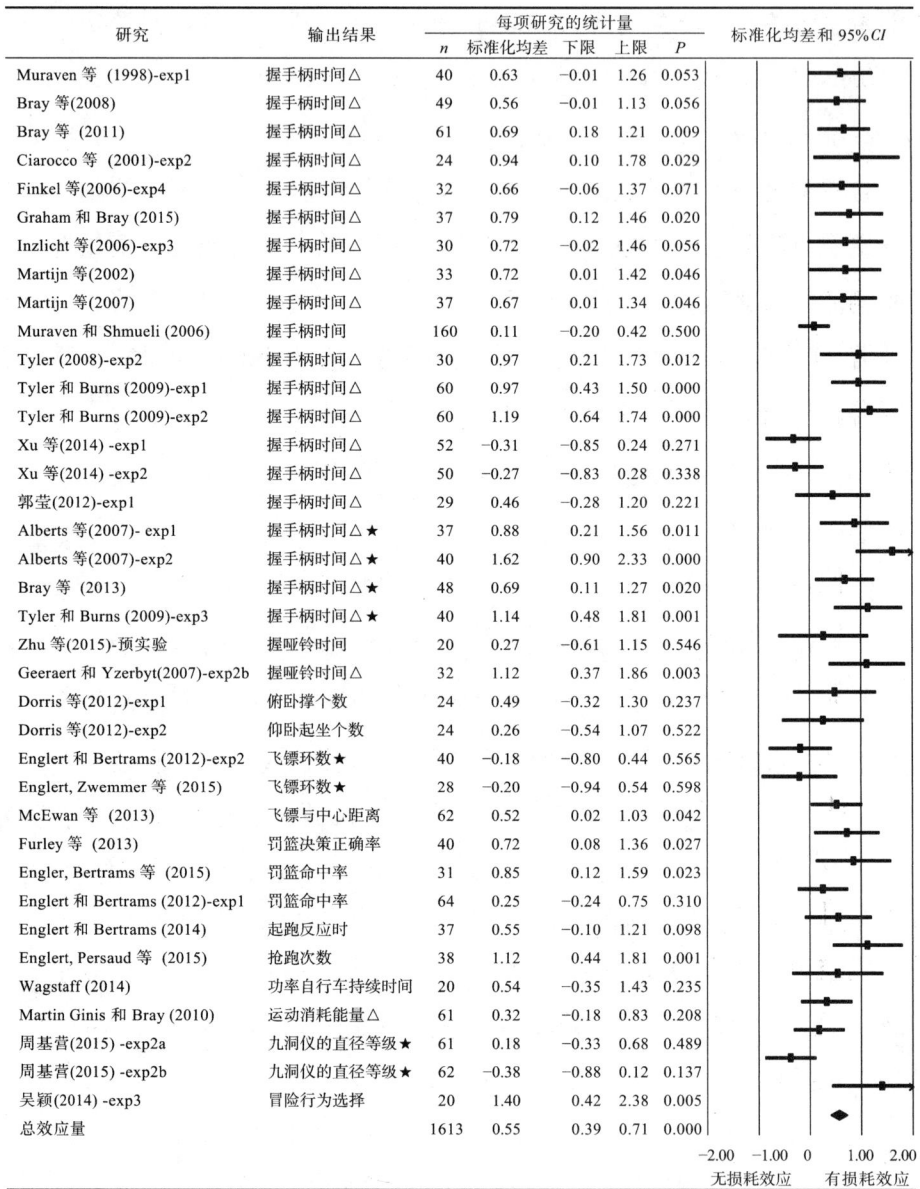

图1-2　森林图：运动领域自我损耗效果量及总体效果量（项明强等，2017）

随着研究的深入，自我损耗的中等偏上效果量受到一些研究者的质疑（Carter et al., 2015；Carter & McCullough, 2013、2014；Inzlicht & Berkman, 2015）。例如，Carter 等人（2014、2015）采用剪补法、Egger 回归

检测和 PET – PEESE 等矫正发表偏倚方法重新计算了 Hagger 等人（2010a）的自我损耗效果量，结果发现自我损耗效果量与 0 没有实际差别。这些元分析结果似乎不支持自我控制的力量模型，也促使研究者开始重视自我损耗效应的发表偏倚和可重复性问题。

更严重的是，一些重复实验的结果发现，自我损耗效应可能没有研究者推测的那么大，甚至可能是不存在的（Lurquin et al.，2016）。例如，一项有着 24 个实验室和 2 000 多名被试的大型重复实验中，只有 2 个实验室重复得出了研究者预期的结果（Hagger & Chatzisarantis，2016；Holcombe，2016）。这些不可重复的实验结果给自我控制力量模型的基本观点带来巨大挑战。

我们认为，自我损耗是个体在执行自我控制过程中，消耗了过多的自我控制能量，导致自我控制能量下降的一种心理状态。既然是一种状态心理，而非特质心理，必然会受到众多因素的影响。比如，意志力内隐观念（Job et al.，2010）、心境状态（Englert & Bertrams，2016）、行动定向（Dang et al.，2017）等因素都可能增加或抵消自我损耗。正如 Dang 等人（2017）所言"'自我'会'损耗'，但只发生在最初的努力和能量耗尽的时候"。因此，未来研究不仅仅要开展元分析和重复实验，而且须清楚界定自我控制的操作定义，构建明确的、可证伪的预测模型，深入分析影响自我损耗效应的潜变量。只有解决概念和方法学的相关问题，才能正确地评估自我损耗效应是否存在（Lurquin & Miyake，2017）。

第三节　运动领域中的自我控制

近年来，在运动领域中，国内外研究者就自我控制的力量模型开展了大量研究，并取得可喜的研究成果，其中包括运动员的知觉动作、起跑反应时、运动决策、攻击行为以及服用兴奋剂等（Englert，2016、2017；Hagger et al.，2010b；项明强、张力为，2016）。

一、自我损耗与知觉动作

知觉动作在竞技运动中普遍存在，如投篮、掷飞镖和打高尔夫球等。这些技能型知觉动作要求运动员将注意力高度集中在当前任务，尽力排除内外刺激的干扰，比如来自赛场的观众呼喊声、运动员自身的心智游离（mind wandering）和竞技赛场焦虑等（Shafizadeh et al.，2011）。依据自我控制的力量模型观点，执行知觉动作任务需要自我控制能量，若运动员出现了自我损耗状态，则任务成绩会下降。为了验证这一假设，McEwan，Ginis & Bray（2013）采用 Stroop 任务来操控自我控制的能量损耗，考察了自我损耗对掷飞镖成绩的影响。在掷飞镖任务中，只有在绿色信号灯情境下才可掷出，而在红色和黄色信号灯情境下则要控制冲动，不能掷飞镖。结果发现，与控制组的成绩相比，损耗组表现出更差的准确度（包括平均值和标准差）。该结果支持了自我控制的力量模型，其理由是：Stroop 任务和掷飞镖任务虽属于不同领域，但它们共用同一能量，Stroop 任务消耗了部分能量，使能量库中的能量不足，进而降低了掷飞镖的成绩。McEwan，Ginis & Bray（2013）进一步推测，知觉动作任务成绩之所以下降，是因为自我损耗导致个体注意力下降，抑制干扰能力减弱。遗憾的是，他们未提供实验证据。于是，Englert 等人（2015）直接探测了自我损耗与抑制干扰能力之间的关系。他们的实验要求运动员在罚篮的过程中忽视耳机里传来的内心干扰声音（比如"我很担心我的成绩"）。结果发现，与对照组相比，损耗组运动员捕获了更多的干扰刺激。这表明自我损耗导致运动员的注意力下降，使其容易受干扰刺激的影响，进而降低罚篮成绩。这两项研究为技能型知觉动作任务需要自我控制的观点提供了有力证据。

Nieuwenhuys 和 Oudejans（2012）将知觉动作分成三个阶段：首先是侦查任务相关信息（感知阶段），其次是选择执行动作的时机和模式（选择阶段），最后是把握时机并执行动作（行动阶段）。从掌握的文献来看，尚未发现依据运动项目特点对知觉动作不同阶段的自我控制的细化研究，而探究不同阶段的自我控制对竞技训练和动作技能学习有着重要的意义，也提示技能型知觉动作的自我控制研究仍有拓展空间。

二、自我损耗与起跑反应时

短跑竞技赛场上，枪声响后，高水平运动员要尽可能快地起跑，高质量起跑是竞赛制胜的关键（Brown & Vescovi，2012；Pilianidis et al.，2012）。例如，Harland 和 Steele（1997）证明了当今世界级男子 100 米比赛中，运动员的起跑反应时间约占比赛总时间的 5%。自 2010 年起，国际田径联合会（IAAF）实行了"零抢跑"规定：起跑枪声响后，若运动员在短于 100 毫秒（ms）内起跑，则被判为"抢跑"犯规，取消比赛资格。这意味着运动员需要自我控制能量来协调"尽可能快地起跑"和"避免抢跑犯规"之间的矛盾，使起跑反应不能快于 100ms，又无限接近 100ms。从这一角度来讲，起跑反应考验的是运动员的冲动控制能力。

Englert 和 Bertrams（2014）以短跑运动员为研究对象，探讨了自我损耗对运动员起跑反应时的影响。在实验中，首先要求运动员抄写一段中性英文材料，但要忽视材料中的字母"e"和"n"。该抄写抑制任务要求被试克服平时书写习惯，需要消耗自我控制能量，产生自我损耗。结果发现损耗组运动员的起跑反应时慢于对照组的起跑反应时。有趣的是，自我损耗却不影响运动员抢跑犯规的次数。随后，Englert 等人（2015）以没有起跑经验的足球运动员为研究对象，重复之前的实验。结果却发现，自我损耗会增加运动员抢跑犯规的次数。这说明与足球运动员相比，短跑运动员起跑经验丰富，能够清醒意识到抢跑后果，并建立避免抢跑的行为习惯和模式，他们在开始信号后宁愿多待一会儿，也不会贸然抢跑而导致取消资格。这表明运动员的田径场经验调节了自我损耗状态下的起跑模式，若运动员起跑经验丰富，自我损耗将降低起跑速度；若起跑经验不足，自我损耗则增加抢跑犯规次数。

三、自我损耗与运动决策

决策是指人们为了实现某一目标，感知情境信息，选择和加工信息并采取行动的整体过程。近期研究表明，自我控制与决策行为有密切关系，个体在决策过程中需要消耗有限的自我控制能量（窦凯等，2014）。运动决策除了具备一般决策的认知特点，还具有信息量少、快速、直接和或然性等直觉特点。那么运动决策是否需要自我控制能量呢？Furley 等人（2013）考察了自我损耗对运动决策的影响。首先采用抄写抑制作为损耗任务，接着在噪音背景下，要求被试对篮球运动员持球图片进行"投篮"或"运球"的决策判断。结果发现自我损耗会降低运动员决策判断的准确性。此外，张晓波和迟立忠（2013）测量了足球运动员的特质自我控制水平，考查了运动员对足球传球图片的决策判断，结果表明高自我控制的运动员得到更好的决策成绩。

应指出的是，虽然上述两项研究结果证实了自我控制在运动决策中的作用，但其运动决策任务仅要求被试对电脑呈现的图片进行决策判断（张晓波、迟立忠，2013）。这种任务更多涉及运动决策中的认知成分，而较少或未涉及复杂运动决策中的直觉成分。因此，需设计类似竞技赛场的高压力、高干扰和时间紧迫的实验情境，同时考虑运动员竞技的不同水平，深入探究运动的直觉决策与自我控制之间的关系。

四、自我控制与攻击行为

长期以来，运动员的攻击现象备受教练和研究者关注，然而缺乏系统研究。Maxwell 和 Moores（2007）将运动攻击界定为愤怒和攻击性两个维度，并研制了有效的测评工具。此后，研究者对该领域进行了诸多有益探讨。有研究发现，运动员的愤怒和攻击性倾向水平越高，越容易发生反社会行为，比如欺骗和伤害其他队员（Kavussanu et al.，2013）。此外，具有攻击性的个体容易愤怒反刍（anger rumination）——反复思考过去愤怒的经历，这种思维模式会增加愤怒的持续时间和强度，进而潜在增加攻击行为（Denson，2013；Denson et al.，2011）。

自我控制的核心之一是抑制自私的冲动来遵循社会规范和法律法规，其被称为"道德力量"（Denson et al.，2012；Baumeister & Exline，1999）。因此，人类攻击行为与自我控制存有密切关系。有研究发现，自我控制在愤怒反刍与反应性攻击之间起部分中介作用（White & Turner，2014），而个体通过 2 个星期的自我控制训练则会减少攻击行为（Denson et al.，2011）。在竞技运动领域中，Sofia 和 Cruz（2015）证实了高自我控制的运动员会表现出较少的攻击性，包括愤怒、攻击倾向、愤怒反刍和反社会行为，而且女运动员比男运动员表现出更少的攻击性。结合这些研究成果，我们认为，在竞技训练中，应关注运动员的愤怒情绪和愤怒反刍，同时采用有效的训练方式来提高运动员的自我控制能力，以防止其在高压训练或竞赛中出现攻击行为。

五、自我控制与服用兴奋剂

运动员服用兴奋剂不仅损害公平、公正的体育竞技精神，而且给自身带来许多不利后果，如取消比赛资格、损毁个人名誉和危害身心健康。尽管如此，在各种利益驱动下，面对竞技大赛的压力，仍有运动员以身试法服用兴奋剂。世界反兴奋剂机构数据（2014）显示，违禁药物检测呈阳性的运动员比例为 1.36%。在现实训练中，运动员可能会因服用营养品或药品不经意间摄取兴奋剂成分，如我国游泳冠军孙杨 2014 年的兴奋剂风波。因此，反兴奋剂与每个运动员的切身利益相关，也是一场没有终点的持久战。

Chan 等人（2015）认为，自我控制的力量模型可用于解释运动员服用兴奋剂。其研究发现，特质自我控制负向预测运动员服用兴奋剂的态度和意向，正向预测运动员反兴奋剂的意向和抵制兴奋剂的坚持性。这提示低自我控制的运动员没有足够能量来抵制兴奋剂。现实中，反兴奋剂是对运动员自我控制能力的考验，因为运动员要始终牢记反兴奋剂的道德标准和法规底线，以及面对兴奋剂诱惑时要做出正确的期望价值判断和寻求决策平衡。运动员即使有坚定意志并承诺反对兴奋剂，但也需要经过深思熟虑和提高意志努力才能抵制兴奋剂的诱惑（Chan et al.，2015；Jalleh et al.，2014）。可见，在竞技体育反兴奋剂的斗争中，提高运动员的自我控制能力是十分必要和重要的。

上述自我控制研究主要聚焦竞技领域中运动员的知觉动作、起跑反应时、运动决策、攻击行为以及服用兴奋剂等。而在普通人的体育锻炼领域，普罗大众如何更好地坚持体育锻炼、增强身体素质显得十分重要。考虑到本书关注的是急性有氧运动，属于体能型运动任务，接下来将重点介绍自我控制与体能型运动（运动坚持）任务之间关系的研究。

六、自我损耗与体能型运动任务

由于自我控制力量模型的研究范式为双任务范式，即包括损耗任务（第一项任务）和探测任务（第二项任务）两项，故在运动领域中，研究者在探讨自我控制（自我损耗）与体能型运动任务之关系时，存在两种研究取向：一是将体能型运动任务作为探测任务，以探讨先前自我损耗对体能型运动任务表现的影响；二是将体能型运动任务作为损耗任务，探讨体能型运动任务对后续自我控制任务的影响，即探讨体能型运动任务中的自我损耗效应。本书将概述这两种研究取向的成果。

本书通过中英文数据库，对近 12 年的文献进行系统检索。英文文献检索：主要将关键词 "ego depletion" "ego energy" "self control" "self regulation" 分别与 "exercise" "sport" "physical activity" "handgrip" "dumbbell" "cycle" "physical endurance" 进行联合搜索，搜索数据库包括 PsycINFO、Science Direct、PubMed、ERIC、Willey、Embase 和 Central。中文文献检索：主要将关键词 "自我控制" "自我调节" "自我损耗" 分别与 "运动" "锻炼" 进行联合搜索，搜索数据库包括中国知网学术期刊网

络出版总库、中国知网优秀博硕士论文全文数据库。

对文献进一步筛查，其纳入标准如下：①研究为实证研究，且采用Baumeister 等人（1998）的经典双任务实验范式，即包括损耗任务和非损耗任务；②结果变量为体能型运动任务，如握手柄、握哑铃、仰卧起坐、骑功率自行车等。最终纳入有关自我损耗对运动坚持性影响的独立实验 25个（如表 1 – 2 所示）。

在纳入的 25 个独立实验中，有 19 个实验采用紧握手柄（或哑铃）的任务来探测自我损耗对肢体动作坚持性的影响。长时间紧握装有弹簧的手柄（或哑铃），表面上是消耗个体的肌肉力量和耐力，产生疲劳感，实际上是要求个体克服因疲劳感而产生的放弃任务的内心冲动，可测量其心理的坚持性（Muraven et al.，1998）。握手柄（或哑铃）任务能较好地掩蔽实验目的，因而成为探测自我损耗状态的经典任务之一，备受研究者关注。从表 1 – 2 可知，19 个实验中有 17 个实验结果显示，先前的自我控制任务会损害后续的握手柄（或哑铃）任务的成绩，这提示肢体动作任务需要自我控制资源。随后，一些研究者探讨了其他更复杂的体能型运动任务的损耗效应。包括骑功率自行车任务（Martin Ginis & Bray，2010）、仰卧起坐和俯卧撑任务（Dorris et al.，2012）、背靠墙直角坐（wall-sit）任务（Boat & Taylor，2017）。研究结果都显示，这些体能型运动（运动坚持性）任务需要自我控制资源，若资源不足，则会产生自我损耗效应。此外，还有研究发现，补充葡萄糖可消除自我损耗效应，最终提高运动成绩（Boat et al.，2017）。

表 1 – 2　自我损耗对体能型运动任务的影响

作者(年份) – 实验	研究对象	损耗任务	探测任务	作用效果
Alberts et al.（2007）-exp1	大学生	迷宫任务	握手柄	降低
Alberts et al.（2007）-exp2	大学生	噪音背景下算术	握手柄	降低
Boat et al.（2017）	自行车运动员	Stroop 任务	骑功率自行车	降低

（续上表）

作者（年份）-实验	研究对象	损耗任务	探测任务	作用效果
Boat & Taylor（2017）	大学生	Stroop 任务	背靠墙直角坐	降低
Bray et al.（2008）	大学生	Stroop 任务	握手柄	降低
Bray et al.（2011）	老年人	Stroop 任务	握手柄	降低
Bray et al.（2013）	大学生	Stroop 任务	握手柄	降低
Dorris et al.（2012）-exp1	赛艇运动员	算术、平衡任务	俯卧撑	降低
Dorris et al.（2012-exp2	橄榄/曲棍球运动员	算术、平衡任务	仰卧起坐	降低
Finkel et al.（2006-exp4	大学生	社会协调	握手柄	降低
Geeraert & Yzerbyt（2007）-exp2b	大学生	算术	握哑铃	降低
Graham & Bray（2015）	大学生	Stroop 任务	握手柄	降低
Inzlicht et al.（2006）-exp3	大学生（女）	数学刻板印象威胁	握手柄	降低
Martijn et al.（2007）	大学生	迷宫任务	握手柄	降低
Martin Ginis & Bray（2010）	大学生	Stroop 任务	骑功率自行车	降低
Muraven & Shmueli（2006）	酗酒者	抵制酒精诱惑	握手柄	降低
Tyler（2008）-exp2	大学生	监控社会关系	握手柄	降低
Tyler & Burns（2008）-exp1	大学生	算术、平衡任务	握手柄	降低
Tyler & Burns（2009-exp2	大学生	E-crossing 任务	握手柄	降低
Tyler & Burns（2009-exp3	大学生	不要想白熊	握手柄	降低
Wagstaff（2014）	短跑、游泳等运动员	观看情绪电影	骑功率自行车	降低
Xu et al.（2014-exp1	大学生	E-crossing 任务	握手柄	无影响
Xu et al.（2014）-exp2	成年人	E-crossing 任务	握手柄	无影响
Zhu et al.（2015）-预实验	大学生	E-crossing 任务（汉语）	握哑铃	降低
郭莹（2012）-exp1	大学生运动员	Stroop 任务	握手柄	降低

进一步分析发现，运动领域中的自我损耗效应在各类人群中均存在，无论是运动员还是非运动员、年轻人（大学生）还是老年人都存在自我损耗效应。同时也不受先前损耗任务类型的影响，比如 Stroop 任务、

E-crossing任务和算术任务等均可产生自我损耗效应，这些结果支持了自我控制能量研究领域的普遍性观点（Baumeister et al.，2007）。

应指出的是，上述大部分研究将体能型运动任务作为探测任务（第二项任务），较少将体能型运动任务作为损耗任务（第一项任务）。例如，Hagger 等人（2010a）的元分析研究将损耗任务归为情绪控制、思维控制、冲动控制、注意控制、选择与意志、认知加工和社会加工七大类。我们认为，个体参加体能型运动任务时需要付出意志努力，特别是体能型运动任务需要消耗自我控制资源。为此，除了 Hagger 等人（2010a）研究所涉及的七大类损耗任务之外，还应增加运动心理领域中的体能型运动任务作为损耗任务，以体现运动中的意志努力，即需要消耗自我控制资源。为此，我们将概述体能型运动任务对自我控制影响的相关研究。

七、运动任务对自我控制的影响

通过文献检索发现，有少量研究将运动任务作为损耗任务，探讨急性有氧运动对后续自我控制任务的影响。例如，Gropel 等人（2014）以半职业运动员为研究对象，设置 15 分钟高强度运动为损耗任务，"d2"任务（一种注意控制任务）为探测任务。他们假设，当感知到损耗效应时，不同人格特质的运动员会分配不同的自我控制能量。依据动作控制理论，在自我损耗状态下，行动定向运动员会果断地、主动地分配更多的自我控制能量，而状态定向运动员则会维持和保留目前的心理和行为状态（Koole & Jostmann，2004）。Gropel 等（2014）实验结果显示，只有状态定向运动员会产生自我损耗效应，而行动定向运动员不会产生自我损耗效应。提示当感知到损耗状态时，行动定向运动员就会投入更多自我控制资源，以克服自我损耗效应；而状态定向运动员不会投入更多的自我控制资源，从而产生自我损耗效应。因此，高强度运动会降低状态定向者自我控制任务的成绩。

Werle，Wansink & Payne（2014）探讨了身体活动与控制饮食的关系。

他们的实验让被试将 30 分钟身体活动感知为步行锻炼或者景区旅游两种条件，然后观察其运动后的饮食控制状况。结果显示，被试将身体活动感知为景区旅游，则会充满乐趣，饮食控制能力进而增强，比如被试会较少选择甜品或特色小吃，更多选择健康食品；而将身体活动界定为步行锻炼，则会减弱被试的饮食控制能力。我们认为，虽然该文未提及自我控制的力量模型，但亦可用该模型解释这一研究成果。具体阐述如下：如果个体感知到身体活动是充满乐趣的景区旅游，这种积极情绪则会提高自我控制；而个体感知到身体活动是步行锻炼，需要付出意志努力时，则会消耗自我控制资源，产生自我损耗效应，进而降低后续自我控制任务的表现。

此外，Audiffren 和 André（2015）曾经介绍他们的一项未发表研究。在实验过程中，实验组的运动任务为持续高强度跑步运动（损耗任务），对照组是自控速度的慢跑（非损耗任务）。探测任务为 Stroop 任务，该项任务可探测个体抑制冲动和认知灵活性（cognitive flexibility）。结果发现，与对照组相比，实验组在 Stroop 任务不一致条件和转换条件下的错误率要高于对照组，而在反应时指标上没有差异。反应时指标没有差异，说明被试未采用正确率－反应时平衡策略。这项研究提示，高强度跑步运动消耗大量的自我控制资源，使个体产生自我损耗效应，致使其后续的认知自我控制成绩下降。

在自我控制力量模型的理论框架下，上述三项研究结果均提示急性有氧运动会损耗自我控制，这为有关"急性有氧运动－认知功能之交互作用"打开了新的研究领域，也为本书急性有氧运动对自我控制的干预研究提供了新视角。

第四节　急性有氧运动影响自我控制的行为证据

急性有氧运动，是指在氧气充分供应的情况下，一次性的体育运动，通常持续时间为 10 ~ 60 分钟（Chang et al. , 2012；Audiffren & André,

2015）。近30年来，有大量文献探讨了急性有氧运动对认知功能的影响。从掌握的文献来看，先前的研究主要探讨急性有氧运动对基础认知功能的影响（比如视觉注意），近期一些研究开始关注急性有氧运动与高级认知功能——执行功能的关系（Ludyga et al.，2016）。如前所述，执行功能包括了操作（刷新）、抑制和转换等多种成分（Diamond，2013）。其中抑制功能被认为是执行功能的重要成分，它体现了个体抑制不恰当行为的反应，以及从无关干扰刺激中解决冲突的能力（Wöstmann et al.，2013）。因此，抑制控制是自我控制的核心内容之一，我们将重点阐述急性有氧运动与抑制控制关系的相关研究成果。

依据急性有氧运动与抑制控制任务之间的时程关系，可将该领域的研究分成序列范式和并行范式两大类。在序列范式下，自我控制任务是在急性有氧运动结束后执行的，即先执行急性有氧运动，再执行自我控制任务；而在并行范式下，自我控制任务是在急性有氧运动过程中执行的，即同时执行急性有氧运动和自我控制任务（Audiffren & André，2015）。

为了更全面系统地掌握急性有氧运动对抑制控制的影响，本书通过中英文数据库，对近12年的文献进行系统检索。英文文献检索：主要将关键词"acute aerobic exercise""acute exercise""exercise intensity"分别与"executive function""cognitive function""inhibition"进行联合搜索，搜索数据库包括PsycINFO、Science Direct、PubMed、ERIC、Willey、Embase和Central。中文文献检索：主要将关键词"急性运动""急性有氧运动""短时有氧运动"分别与"认知功能""抑制""执行功能"进行联合搜索，搜索数据库包括中国知网学术期刊网络出版总库、中国知网优秀博硕士论文全文数据库。所获取的文献分"序列范式"和"并行范式"两部分概述。

一、序列范式下急性有氧运动对抑制控制的影响

（一）研究现状

对检索文献进一步筛查，最终纳入20篇有关急性有氧运动对抑制控

制影响的文献（如表1-3所示）。

表1-3 序列范式下急性有氧运动对抑制控制的影响

文献	被试	抑制任务	衡量指标	运动特征	作用效果
Sibley et al. (2006)	年轻人	Stroop 任务	反应时	20 分钟自我控制速度慢跑/跑步机	提升
Joyce et al. (2009)	年轻人	停止信号任务	反应时	26 分钟骑功率自行车，40% 最大摄氧量	提升
Yanagisawa et al. (2010)	年轻人	Stroop 任务	干扰代价	10 分钟骑功率自行车，50% 最大摄氧量	提升
陈爱国等(2011)	儿童	Flanker 任务	反应时，fMRI	30 分钟骑功率自行车，60% ~ 69% 最大心率	提升
Hyodo et al. (2012)	老年人	Stroop 任务	干扰代价	10 分钟骑功率自行车，在呼吸阈限上	提升
Alves et al. (2012)	中老年人	Stroop 任务	反应时	30 分钟走路，50% ~ 60% 最大心率；对局部肌肉重复练习 30 次（两组）	提升
Tam (2013)	年轻人	Stroop 任务	反应时，错误率	15 ~ 30 分钟爬楼梯，50% ~ 70% 最大心率	提升
Byun et al. (2014)	年轻人	Stroop 任务	干扰代价	10 分钟骑功率自行车，30%最大摄氧量	提升
Chang et al. (2014)	三组年轻人	Stroop 任务	不一致反应时，ERP	20 分钟骑功率自行车，30%最大摄氧量	提升

（续上表）

文献	被试	抑制任务	衡量指标	运动特征	作用效果
王莹莹、周成林（2014）	大学生	Go/no-go任务	反应时，正确率，ERP	30分钟骑功率自行车：低强度：40%～50%；中等强度：65%～70%；高强度：80%～90%	中等强度运动提升
Drollette et al.（2014）	青少年	Flanker任务	反应时，ERP	20分钟跑步机，60%～70%最大心率	提升
Chu et al.（2015）	年轻人	停止信号任务	反应时，ERP	30分钟骑功率自行车，65%～75%最大心率	提升
Soga et al.（2015）	青少年	Flanker任务	反应时	10～15分钟跑步机，60%～70%最大心率	未改变
Harveson et al.（2016）	年轻人	Stroop任务	反应时	30分钟有氧运动或抗阻训练	提升
Tsukamoto et al.（2016a）	年轻人	Stroop任务	反应时，正确率	40分钟骑功率自行车，60%最大摄氧量；33分钟高强度间歇运动	两种训练方式均提升成绩
Tsukamoto et al.（2016b）	年轻人	Stroop任务	反应时，正确率	两次33分钟高强度间歇运动	提升，第一次提升的时效性优于第二次
Tsukamoto et al.（2017）	健康男性	Stroop任务	反应时，正确率	33分钟，三种运动方案——33分钟，中等强度、低强度和中低强度混合	中等强度运动方案提升的时效性最好
Hwang et al.（2016）	健康成年人	Stroop任务	反应时，正确率	10分钟高强度运动，85%～90%最大摄氧量	提升

（续上表）

文献	被试	抑制任务	衡量指标	运动特征	作用效果
Netz et al. (2016)	健康成年人	Go/no-go 任务	反应时，正确率	30 分钟跑步机，60% 储备心率	提升
Tsai et al. (2018)	有轻度障碍的老年人	Flanker 任务	反应时，ERP	30 分钟有氧运动，65%～75% 最大心率；30 分钟中等强度抗阻训练	两种训练方式均提升成绩

由表 1 - 3 可知，在纳入的 20 项研究中，有 19 项研究结果显示急性有氧运动有助于提升个体抑制能力。值得注意的是，这些研究从以下几个角度探讨了急性有氧运动与抑制控制之间的关系。①研究对象：涉及各年龄阶段的群体，包括儿童、青少年、年轻人、中老年人和有轻度认知障碍的老年人等。②运动方案：大部分研究采用中等强度有氧运动方案，具体运用功率自行车、跑步机来操作有氧运动，通过监控被试的心率或摄氧量来界定有氧运动强度。除了 3 项研究的被试运动超过 30 分钟之外，其他群体运动时间为 10～30 分钟。③抑制控制任务：采用 Stroop 任务、Flanker 任务、Go/no-go 任务和停止信号任务等测评抑制控制能力。虽然这 4 项抑制控制任务都可以测评个体抑制能力，但可能反映了不同的抑制功能，其中 Stroop 任务和 Flanker 任务测量解决认知冲突的能力，即认知抑制能力；Go/no-go 任务和停止信号任务则反映动作抑制能力（Chu et al.，2015）。

此外，还有研究探讨了急性有氧运动对抑制控制影响的调节变量，比如运动强度、健康水平等（Chang et al.，2014；王莹莹、周成林，2014）。例如王莹莹和周成林（2014）发现，急性有氧运动的强度对抑制控制影响存在剂量效应：与低或高强度运动相比，中等强度急性有氧运动的促进效应最大，即急性有氧运动的强度与认知自我控制成倒 U 形关系。再如，Chang 等人（2014）按心血管功能等相关指标将被试分成高、中、低三种健康水平，探讨健康水平在中等强度急性有氧运动对抑制控制影响中所起的调节作用。结果发现，虽然急性有氧运动对所有被试都有提升抑制控制的积极效应，但健康水平处于中等的被试的提升效益最大。此外，一项元分析发现，与其他群体相比，儿童（$g=0.54$）和老年人（$g=0.67$）的执行功能更能从急性有氧运动中获益（Ludyga et al.，2016）。可见，运动强度、个体健康水平和人群特征等变量在急性有氧运动对抑制控制影响中起调节作用。

（二）理论解释

综上可知，大量研究表明急性有氧运动对抑制控制具有促进效应，那么这种促进效应的作用机制是什么呢？研究者采用认知－能量模型、倒 U 形理论、生理唤醒和网状激活脑血流量（Ando et al.，2011）等理论观点来解释。

早期，为了解释急性有氧运动对认知控制的促进效应，在前人研究的基础上，Sanders（1983）提出了认知－能量模型（如图 1－3 所示）。

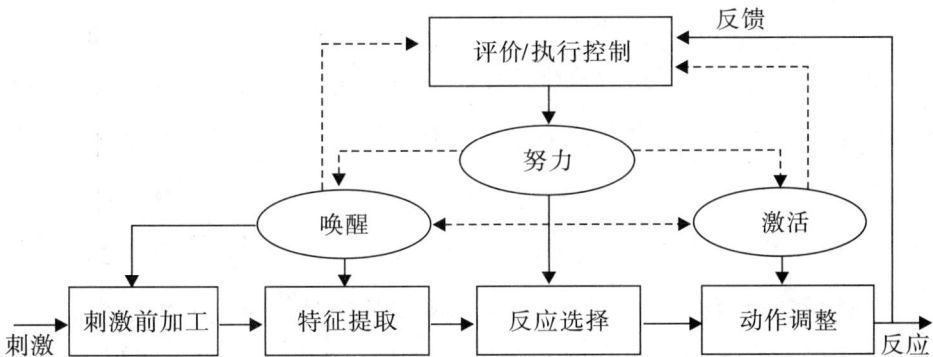

图 1－3 Sanders（1983）的认知－能量模型（改自 Chang，2016）

由图 1－3 可知，认知－能量模型涉及三个心理操作层次。第一层是信息加工，包括刺激的前加工、特征提取、反应选择和动作调整四个阶段；第二层是能量水平，包括唤醒、努力和激活三个能量库；第三层是评价/执行控制。这三个心理操作层次相互联系、相互作用。例如，唤醒能量库与信息加工过程中的特征提取相联系，努力能量库与反应选择相联系，激活能量库与动作调整相联系。而评价或执行控制的心理操作一方面接受来自唤醒和激活能量库的反馈，另一方面引导分配能量，直接作用于努力能量库，随后影响唤醒和激活能量库，以及整个信息加工过程。

依据 Sanders（1983）的认知－能量模型，我们认为急性有氧运动不仅可通过生理唤醒来提升抑制控制能力，而且可通过努力和激活来影响抑制控制。甚至可推测，急性有氧运动与执行控制之联系，会连续改变唤醒、努力和激活的能量水平，最终导致整个信息加工过程的变化。当然，这一推测还需更多的认知神经科学实验来验证。

随后，研究者在探讨急性有氧运动的强度对抑制功能的影响时，却发现急性有氧运动的强度与执行功能之间并不是线性相关，而是呈倒 U 形关系，并采用倒 U 形理论（McMorris & Graydon，2000；王莹莹、周成林，2014）来解释这一现象。该理论认为，低强度或高强度运动诱发的唤醒水平过低或过高，其成绩并不理想；而中等强度急性有氧运动对应最佳唤醒水平，其任务成绩能够达到最佳水平。

此外，还有些研究从改善生理变化的视角来解释急性有氧运动对抑制控制的提升。这些观点可概括为，急性有氧运动可通过改善心率来增强脑血流量，刺激单胺类系统（monoamine systems），促进大脑去甲肾上腺素（NA）、多巴胺（DA）和乙酰胆碱（ACh）等多种神经递质释放，以及增加脑源性神经营养因子（BDNF）的浓度，促进神经元的分化和存活。这一系列的生理变化会导致在前额叶募集更多的神经元参加认知控制任务，进而提升积极情绪和增强大脑的执行功能，特别是抑制功能（Ando et al.，2011；Dinoff et al.，2017；T. Huang et al.，2014；Knaepen et al.，2010；Meeusen et al.，2001；赵鑫、李冲，2017）。

综上可知，目前尚无一种理论观点可完整地解释急性有氧运动对自我控制的影响。对此，我们试图将上述理论纳入自我控制力量模型的框架（Baumeister et al.，2007），提出整合模型，其核心观点为：低强度有氧运动条件下，个体的唤醒、努力和激活能量水平低，对应前额叶的脑血流量程度较弱，致使抑制任务成绩不佳；中等强度有氧运动条件下，可通过提升心率来增强脑血流量，提高脑代谢水平（比如促进 NA、DA 和 ACh 等神经递质释放，增加 BDNF 浓度等），促使前额叶募集神经元来参与认知控制任务，促使抑制任务成绩达到最佳水平；而在高强度有氧运动条件下，个体可能消耗了过多的自我控制能量，产生自我损耗效应，导致个体无足够能量来完成后续的抑制任务，致使抑制任务成绩下降。可见，在自我控制力量模型的框架中，亦可对急性有氧运动与抑制功能之关系做出较合理的解释。更重要的是，在自我控制的文献中，研究者也常常采用 Stroop 任务来衡量个体的自我控制表现。若将上述文献纳入自我控制研究的框架，则可认为急性有氧运动强度对自我控制的影响存在剂量效应。

应指出的是，尽管 Baumeister 等人（2007）认为自我控制的资源具有领域普遍性，所有自我控制任务都共用同一资源。然而，"大脑可塑性"的神经机制研究表明，自我控制至少可分为认知、情绪和行为三种成分（Berkman et al.，2012），这三种自我控制可能涉及不同脑区。例如，认知自我控制是指个体集中思维来完成与目标相关的任务，涉及前额叶脑区；情绪自我控制是指个体能克制自己的负面情绪，涉及下丘脑核、杏仁核等脑区；行为自我控制是指个体能克服潜在冲动，持之以恒地完成动作任务，涉及前辅助运动脑区。这三种自我控制相辅相成，若某一种自我控制提升，则这一提升会成功转移到其他类型，直接影响与抑制控制相关的近端结果（如抵制诱惑、持之以恒地完成任务等），并最终长期影响个体身心健康和社会功能（Berkman et al.，2012）。

总之，认知、情绪和行为三个自我控制既有联系又有区别，只有全面考察多种自我控制的促进效应，才可获得较完美的结果，进而得出较可靠的"急性有氧运动与自我控制之关系"的结论。然而，以往大部分研究仅支持中等强度急性有氧运动对认知自我控制（抑制控制）的促进效应，对于急性有氧运动可否改善情绪和行为自我控制，须设计科学实验来进一步检验。

二、并行范式下急性有氧运动对抑制控制的影响

（一）研究现状

通过文献筛查，表1-4列举了急性有氧运动对抑制控制影响的部分研究成果。

表1-4 并行范式下急性有氧运动对抑制控制的影响

文献	被试	抑制任务	衡量指标	运动特征	作用效果
Pontifex & Hillman（2007）	年轻人	Flanker 任务	错误率	6.5 分钟骑功率自行车，60% 最大心率	损害
Audiffren et al.（2009）	年轻人	随机产生数字	转换点指标	35 分钟骑功率自行车，90% 换气阈值	损害
Davranche & McMorris（2009）	年轻人	Simo 任务	干扰代价	30 分钟骑功率自行车，50% 最大摄氧量	损害
Labelle et al.（2013）	两组年轻人	Stroop 任务	错误率	6.5 分钟骑功率自行车，80% 最大输出功率	损害
Labelle et al.（2014）	两组老年人和两组年轻人	Stroop 任务	错误率	6.5 分钟骑功率自行车，80% 最大输出功率	损害
Lucas et al.（2012）	年轻人和老年人	不同难度的Stroop 任务	反应时	8 分钟骑功率自行车，30% 和70% 心率储备	提升
Schmit et al.（2015）	大学生	Flanker 任务	反应时，错误率	85% 最大摄氧量，直至筋疲力尽	未改变
Tempest et al.（2017）	大学生	Flanker 任务	反应时	60 分钟高强度运动和低强度运动：高强度：通气阈上限的10%，平均 166 ± 44W；低强度：小于 30W	高强度提升，低强度未改变

　　由表1-4可知，共有8项研究探讨了急性有氧运动过程对抑制控制的影响。这些研究结果不一致，其中大部分（5项）研究结果显示急性有氧运动对抑制控制有损害效应；1项研究结果显示有提升效应（Lucas et al.，2012）；1项研究结果显示无影响（Schmit et al.，2015）；还有1项研究结果显示高强度有氧运动有提升效应，而低强度无影响（Tempest et al.，2017）。这些研究在以下几个维度探讨急性有氧运动过程对抑制控制的影响：①研究对象：涉及各年龄阶段的群体，包括年轻人和老年人等。②运动方案：一般采用骑功率自行车，通过监控被试的心率、摄氧量或输出功率来界定有氧运动强度，运动时间为6.5~60分钟。③抑制控制任务：采用Stroop任务、Flanker任务、Simo任务和随机产生数字等任务测评抑制能力。

　　此外，还有研究探讨了急性有氧运动过程对抑制控制的影响中的调节变量。例如，Tempest等人（2017）发现高强度急性有氧运动会提升Flanker任务成绩，即提高了抑制控制能力；低强度运动则不会影响抑制控制能力，因此运动强度在急性有氧运动与抑制控制之间起调节作用。再如，Lucas等人（2012）探讨了年龄、运动强度、任务难度等变量所起的调节作用。结果显示，与老年人相比，年轻人更容易从急性有氧运动中获益；在排除年龄因素之后，高强度运动更能提升高难度Stroop任务的成绩。可见，年龄、运动强度、任务难度等因素在急性有氧运动过程对抑制控制的影响起调节作用。

（二）理论解释

　　对于并行范式下急性有氧运动对抑制控制的损害作用，研究者一般采用认知-能量模型来解释（Audiffren，2009；Hockey，1997；Sanders，1983）。该模型认为，"执行运动任务"与"抑制控制任务"之间产生资源竞争，执行运动任务会抢占资源，致使抑制控制任务的资源减少，导致个体成绩下降。然而，该模型未清楚界定抢占的是何种资源。随后，Dietrich &

Audiffren（2011）提出了 RAH 模型来解释运动过程中抑制控制的减弱效应，该模型将竞争资源界定为代谢能量（比如葡萄糖），如图 1 - 4 所示。

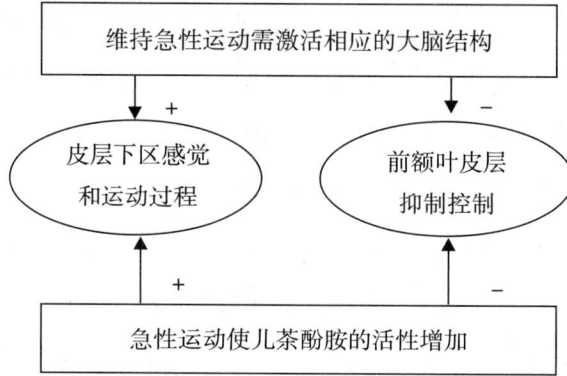

图 1 - 4　网状结构激活和额叶功能减退（Dietrich & Audiffren，2011）

　　该模型认为，在运动过程中，急性运动诱发两种作用机制来调节大脑活动和认知表现：①激活脑干区域的唤醒系统，促使 NA、DA 和 ACh 等多种神经递质释放，增强皮层下区的感觉和运动加工。②降低与维持运动无关的脑神经系统效能，致使前额叶的执行控制功能下降。大脑的代谢能量有限，随着运动强度不断增加、时间不断延长，个体认知功能也随之下降，因此急性运动对认知功能的影响取决于大脑代谢能量需求和运动积极效应之间的平衡。可见，无论是消耗何种资源，认知－能量模型与 RAH 模型都有共同的核心观点：执行自我控制任务和维持运动都需要消耗资源，故需要在两个任务之间分配可利用资源。

　　然而，认知－能量模型与 RAH 模型的不同点有二：①分配何种资源。认知－能量模型认为分配心智努力（mental effort），而 RAH 模型认为分配大脑葡萄糖。②分配资源的策略。认知－能量模型认为存在一个注意监控官（attentional supervisor），其可灵活采用多种策略来分配资源，例如停止或降低运动强度以确保认知任务顺利完成；停止或降低认知任务强度以维持高质量完成运动任务；努力执行两种任务，但这种策略可能存在两种任务共同受损的风险（Huang & Mercer，2001）。而 RAH 模型则不认为存在注意监控官，认为大脑仅是为了维持身体运动的需要，产生一个基本权衡过程。具体表现为：一方面将大量代谢资源分配到与运动相关的脑区，另一方面降低其他与运动无关的脑区（如前额叶）的效能。事实上，这种将大脑血糖分配到维持运动脑区的方式遵循了神经血管耦合的生物原理，即激活运动脑区的大量神经元，导致脑血流量增加；同时减少与运动无关的脑区（比如前额叶）的神经元活动，导致脑血流量减少（Girouard & Iadecola，2006）。当然，RAH 模型并没有完全否认个体可在任何时间暂停运动或认知任务，但该模型假设在运动过程中，降低前额叶脑区的效能不是一个自主过程，而是人类进化过程中一个预先设定的机制。

综上，认知－能量模型与 RAH 模型可较好地解释并行范式下，急性有氧运动对抑制控制的损害效应。然而，上述两个模型却不能解释急性有氧运动的提升效应。这提示需要设计更科学的实验，获得更完善的数据结果，进而整合现有理论或提出新理论来解释急性有氧运动与抑制控制之间的复杂关系。可喜的是，伴随着认知神经科学的兴起，一些研究者采用功能性近红外光谱技术（functional near-infrared spectroscopy，简称 fNIRS）来揭示急性有氧运动影响自我控制的脑机制。

第五节　急性有氧运动影响自我控制的脑机制

fNIRS 作为重要的功能神经影像学技术之一，备受国内外认知神经科学领域研究者的关注与青睐。fNIRS 最早可追溯到 20 世纪 70 年代 Jöbsis（1977）的一项研究，该研究发现近红外光谱具有良好的穿透性，可检测大脑皮层的血氧变化。自此该项技术如同脑电图（Electroencephalography，简称 EEG）、脑磁图（Magnetoencephalography，简称 MEG）、功能性核磁共振脑成像（Functional magnetic resonance imaging，简称 fMRI）等技术，成为探索人类脑机制发生发展的有效工具之一。虽然国内有些研究者开始关注 fNIRS 技术并开展相应的实证研究（文世林等，2015b；叶佩霞等，2017），但相比国外研究之盛行，fNIRS 在我国运动认知神经科学中的应用与研究尚待加强。鉴于此，本书首先介绍 fNIRS 的工作原理及优缺点，然后概述 fNIRS 在急性有氧运动对抑制控制影响研究等领域中的应用。

一、fNIRS 的工作原理及优缺点

（一）fNIRS 的工作原理

fNIRS 设备的基本观测单元由放置在头皮上的多对光极构成，又称为导或通道（Channel），每个观测单元包括一个发射光极和一个接收光极。鉴于已有研究对 fNIRS 工作的基本原理做了详细介绍（Hoshi，2003；Rooks et al.，2010），我们将该项技术的主要特征简要概述如下：

（1）近红外光具有低吸收率和低衰减率的特点，它可穿透人体组织。例如，可见光（波长为 380nm ~ 740nm）只能穿透不到 1cm 的生物组织，而近红外光可穿透 8cm 左右的生物组织（Phan & Bullen，2010）。在 fNIRS 的实际应用中，一般选取 700nm ~ 900nm 的近红外光来探测生物组织，该波长范围被称为生物学的"光学窗口"。

（2）近红外光可被生色团（chromophores）吸收或被生物组织扩散。所谓生色团是指分子中含有的吸收特定光的波长的不饱和基团，其能使分子表达特定颜色。fNIRS 的生色团为红细胞的氧合血红蛋白（oxyhemoglobin，简称 O_2Hb）和脱氧血红蛋白（deoxygenated hemoglobin，简称 HHb）。活体生物组织的新陈代谢会导致 O_2Hb 和 HHb 的浓度发生变化，我们能依据 O_2Hb、HHb 以及水对各个波长的光的吸收系数，借助 fNIRS 设备来记录这些浓度变化，从而间接监控或测量这些特定生物组织的活跃程度（如图 1 - 5 所示）。

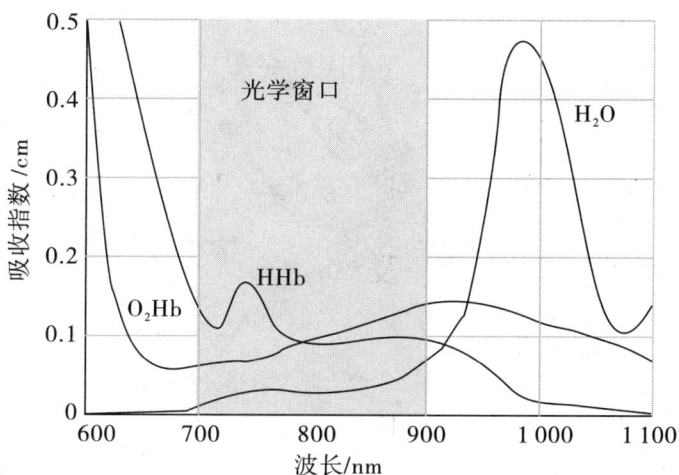

图 1−5　O_2Hb、HHb 和水对各个波长的光的吸收系数（Phan & Bullen，2010）

（3）fNIRS 之所以能够测量大脑激活水平，是基于神经血管耦合机制。当大脑的神经元活动时，需要葡萄糖和氧气。它首先会降低局部毛细血管床的葡萄糖和 O_2Hb 浓度并增加 HHb 浓度，然后通过神经血管耦合机制，促使携带葡萄糖、O_2Hb 的局部脑血流量增加。由于 O_2Hb 和 HHb 是近红外光的良好生色团，放置在特定大脑皮层的 fNIRS 的发射光极穿透大脑皮层时，会被大脑皮层血液吸收。可见，大脑皮层中的 O_2Hb 和 HHb 浓度会直接影响近红外光的反射强度，而 fNIRS 的接受光极可通过探测近红外光的反射强度来间接测量 O_2Hb 和 HHb 的浓度以及大脑皮层的神经活跃程度。需说明的是，由于 O_2Hb 和 HHb 对光的吸收能力不同，需要使用两个或多个不同波长的光源，并采用朗伯 − 比尔定律（Lambert-Beer Law）量化方程来计算出血红蛋白的浓度变化（叶佩霞等，2017）。近红外光在大脑皮层的传播路径为半弧形，即近红外光从发射光极到接收光极形成"香蕉形"通路（如图 1−6 所示）。

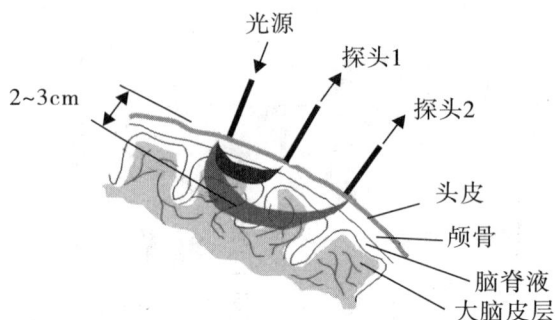

图 1 - 6　发射 - 接收光极形成"香蕉形"通路（Naseer & Hong, 2015）

（二） fNIRS 的优点与缺点

与 EEG、MEG 和 fMRI 等脑成像仪相比，fNIRS 具有以下 3 个独特优点：①fNIRS 设备具有轻巧、便携、成本低和抗噪音能力强等特点。②fNIRS的时间分辨率高于 fMRI，空间分辨率高于 EEG，可缓解目前其他脑成像仪的时间分辨率与空间分辨率之矛盾，基本能满足研究者对时间分辨率和空间分辨率的需求。③fNIRS 对实验过程中被试的头部运动不会过分敏感，且可长时间重复测量，适用于探测自然运动情境中的脑机制。

然而，不可否认，fNIRS 也存有一定的缺点：①fNIRS 只能测量血红蛋白的相对浓度，不能测量其绝对值，不能为 fNIRS 信号的解剖学定位提供任何信息（Lloyd-Fox et al.，2010）。②fNIRS 只能探测大脑的表面皮层，深度约为 3cm，无法探测到皮层下组织和深部核团的大脑活动。③近红外光要穿透头发、头皮、颅骨、脑膜和脑脊液等介质后才能到达外皮层，这些介质均会影响血氧活动浓度（Hirasawa et al.，2015）。

二、急性有氧运动对抑制控制影响的 fNIRS 研究

随着认知神经科学的兴起，不少研究者利用 fNIRS 技术，致力于探讨个体执行认知任务时大脑的 O_2Hb 和 HHb 信号的变化，以此揭示急性有氧运动对抑制影响控制的脑机制。表 1 - 5 呈现了部分研究成果。

表 1-5　急性有氧运动对抑制控制影响的 fNIRS 研究

文献	范式	被试	任务	感兴趣脑区	运动特征	行为结果	fNIRS 结果
Yanagisawa et al. (2010)	序列范式	20 名年轻人	Stroop 任务	L-DLPFC, R-DLPFC; L-VLPFC, R-VLPFC; L-FPA, R-FPA	10 分钟中等强度有氧运动；50% 最大摄氧量	提升 Stroop 任务成绩	增强 L-DLPFC 的 O_2Hb 信号
Hyodo et al. (2012)	序列范式	33 名健康老年人	Stroop 任务	L-DLPFC, R-DLPFC; L-VLPFC, R-VLPFC; L-FPA, R-FPA	10 分钟中等强度有氧运动；50% 最大摄氧量	提升 Stroop 任务成绩	增强 R-FPA 的 O_2Hb 信号
Byun et al. (2014)	序列范式	25 名大学生	Stroop 任务	L-DLPFC, R-DLPFC; L-VLPFC, R-VLPFC; L-FPA, R-FPA	10 分钟低强度运动；30% 最大摄氧量	提升 Stroop 任务成绩	增强 L-FPA 和 L-DLPFC 脑区的 O_2Hb 信号
文世林等 (2015b)	序列范式	15 名老年人	Flanker 任务	L-DLPFC, R-DLPFC; L-VLPFC, R-VLPFC; L-FPA, R-FPA	10 分钟中等强度有氧运动	提升 Flanker 任务成绩	增强 L-FPA 的 O_2Hb 信号
文世林 等 (2015a)	序列范式	16 名大学生	Flanker 任务	L-DLPFC, R-DLPFC; L-VLPFC, R-VLPFC; L-FPA, R-FPA	10 分钟中等强度有氧运动	提升 Flanker 任务成绩	增强 R-FPA 和 R-DLPFC 脑区的 O_2Hb 信号
Kujach et al. (2018)	序列范式	25 名久坐少动大学生	Stroop 任务	L-DLPFC, R-DLPFC; L-VLPFC, R-VLPFC; L-FPA, R-FPA	10 分钟高强度间歇运动；30% 最大摄氧量，30 秒休息	提升 Stroop 任务成绩	增强 L-DLPFC 的 O_2Hb 信号

（续上表）

文献	范式	被试	任务	感兴趣脑区	运动特征	行为结果	fNIRS 结果
Lucas et al. (2012)	并行范式	13 名年轻人和 9 名老年人	简单和复杂的 Stroop 任务	R-PFC	前 8 分钟低强度运动，30% 心率范围，后 8 分钟高强度运动，70% 心率范围	提升了年轻人和老年人两组的 Stroop 任务成绩	O_2Hb 和总血红蛋白（tHb）会受到运动强度、年龄和任务难度的影响
Schmit et al. (2015)	并行范式	15 名大学生	Flanker 任务	PFC	85% 最大摄氧量，直至筋疲力尽	Flanker 任务成绩没有显著变化	在运动期 O_2Hb 信号未变化，运动后期 O_2Hb 信号显著下降
Tempest et al. (2017)	并行范式	14 名大学生	Flanker 和 2-back 任务	R-PFC 和 MC	60 分钟高强度运动和低强度运动	高强度运动提升 Flanker 任务成绩，却降低了 2-back 任务成绩	高强度运动下，运动皮层信号没有显著提升；前额叶皮层的 O_2Hb 信号显著提升

注：PFC：前额叶皮层；R-PFC：右前额叶皮层；MC：运动皮层；L-DLPFC：左背外侧前额叶皮层；R-DLPFC：右背外侧前额叶皮层；L-VLPFC：左腹外侧前额叶皮层；R-VLPFC：右腹外侧前额叶皮层；L-FPA：左侧额极区；R-FPA：右侧额极区。

由表 1-5 可知，共有 9 项研究探讨了急性有氧运动对抑制控制影响的脑机制，主要涉及以下研究变量：①研究范式：包括序列范式和并行范式。②研究对象：涉及年轻人和老年人两个群体。③运动方案：采用骑功率自行车来操作有氧运动，通过监控被试的心率或摄氧量来界定运动强度。④认知任务：包括 Stroop、Flanker 和 2-back 任务，其中 Stroop 和 Flanker 任务主要测量抑制控制功能，而 2-back 任务主要测量刷新功能。⑤感兴趣脑区：除了 1 项研究同时监控前额叶和运动脑区之外（Tempest et al.，2017），其他研究主要检测前额叶皮层。

（一）序列范式下急性有氧运动对抑制控制影响的脑机制

表 1-5 中，6 项研究结果表明，低强度运动（Byun et al.，2014）、中等强度运动（Hyodo et al.，2012；Yanagisawa et al.，2010；文世林等，2015a；文世林等，2015b）和高强度间歇运动（Kujach et al.，2018）均可提升个体抑制控制水平，并且相应地增加前额叶皮层的 O_2Hb 信号。说明这些运动类型通过增强前额叶皮层的 O_2Hb 信号来提升抑制控制能力。

fMRI 和 PET 等神经影像研究表明，前额叶皮层链接前扣带回皮层（ACC），不仅与监控和加工冲突信息有关联，而且在执行认知控制中起到关键作用（Chen et al.，2013；Milham et al.，2003）。因此，在 fNIRS 研究中，研究者一般将感兴趣脑区（regions of interest，简称 ROIs）设定为前额叶皮层，具体包括左背外侧前额叶皮层、右背外侧前额叶皮层、左腹外侧前额叶皮层、右腹外侧前额叶皮层、左侧额极区和右侧额极区 6 个脑区。在所纳入文献中，有 3 项研究结果显示，低强度运动、中等强度运动以及高强度间歇运动都可增强年轻人执行 Stroop 任务时诱发的 L-DLPFC 的 O_2Hb 信号（Byun et al.，2014；Kujach et al.，2018；Yanagisawa et al.，2010），另有 1 项研究结果显示，中等强度运动可增强大学生执行 Flanker 任务诱发的 R-DLPFC 的 O_2Hb 信号（文世林等，2015a）。虽然 Stroop 任务诱发的半球偏侧优势（左侧半球）与 Flanker 任务诱发的半球偏侧优势

（右侧半球）之间存有差异，但这 2 项研究说明 DLPFC 在执行各类认知任务，特别是抑制控制任务中起到重要作用，这与其他神经影像技术研究的结果一致（Boschin et al.，2017；Laguë-Beauvais et al.，2013）。

此外，有 2 项研究以老年人为研究对象，探讨急性有氧运动对抑制控制影响的脑机制。结果显示，中等强度运动可提升老年人的 FPA 的 O_2Hb 信号（Hyodo et al.，2012；文世林等，2015b）。这一结果与年轻人的结果不一致。其原因可能是，随着年龄增长，老年人的执行功能下降，除了 DLPFC 在维持和加工信息方面扮演重要角色之外，还需要募集其他脑区（比如 FPA）的神经元激活来补偿中等强度运动的提升效应（Hyodo et al.，2016）。

总之，在序列范式下，研究者采用 fNIRS 技术，设置各种急性有氧运动方案，以年轻人或老年人为研究对象，全面探讨了急性有氧运动对抑制控制影响的脑机制，获得一些可喜的研究成果。遗憾的是，以往研究未深入探讨不同运动强度影响抑制控制的脑机制，倒 U 形理论的脑机制尚不明确。

（二）并行范式下急性有氧运动对抑制控制影响的脑机制

相比序列范式的研究结果，3 项并行范式的研究结果却不一致。例如，在行为指标上，急性有氧运动可提升抑制控制功能（Lucas et al.，2012；Tempest et al.，2017），或对抑制控制不产生影响（Schmit et al.，2015）。在 fNIRS 指标上，高强度急性有氧运动既可提升前额叶皮层的 O_2Hb 信号（Tempest et al.，2017），亦可降低前额叶皮层的 O_2Hb 信号（Schmit et al.，2015）。还有研究揭示了 O_2Hb 和 tHb 信号会受到运动强度、年龄和任务难度的影响（Lucas et al.，2012）。

综上可知，并行范式的研究结果不一致，甚至相互矛盾，其原因可能有二：①虽然研究者将 ROIs 设定在前额叶皮层，但是未细分前额叶各个脑区。这种实验设计不能揭示急性有氧运动是否对前额叶某一脑区起作用，而对另一脑区不起作用，导致在探讨急性有氧运动过程对抑制控制的影响时，可能会忽视某一些重要信息。②较少研究者系统考察运动强度和运动时间对抑制控制影响的脑机制，致使运动强度和运动时间等可能成为影响实验结果的潜在变量。为了解释上述矛盾结果，还需要设计更完善的实验，进一步考察急性有氧运动对抑制控制影响的脑机制。

第二章　以往研究述评和本研究目的

第一节　以往研究的贡献

由前文可知，迄今已有不少研究者就急性有氧运动对自我控制的影响及其脑机制开展了系列实验研究，取得了一些有价值的结果，提出了一些新的观点和理论，其贡献可概括为三点。

第一，大量研究探讨了急性有氧运动对执行功能中的抑制控制（可界定为认知自我控制）的影响（Chang et al.，2012）。研究者采用倒 U 形理论（McMorris & Graydon，2000）、认知－能量模型（Audiffren，2009；Hockey，1997；Sanders，1983）和 RAH 模型（Dietrich，2003；Dietrich & Audiffren，2011）来解释其作用机制，这些研究成果为本书进一步探讨急性有氧运动对其他类型自我控制的影响奠定了研究基础。更重要的是，研究者对急性有氧运动有较成熟的、可操作的控制方法，我们完全可以借鉴这些方法来制订相应的急性有氧运动方案。

第二，自我控制受到研究者的广泛关注。研究者不但提出了经典的自我控制的力量模型以及开展了大量的实证研究（Baumeister et al.，2007；Hagger et al.，2010a），而且研发出许多测试自我控制的经典任务范式，比如 Stroop 任务（Stroop，1935）、握手柄任务（Muraven et al.，1998）和冷压疼痛忍耐任务（Zou et al.，2016）等，故可借鉴这些任务范式来测评本书欲探讨的状态自我控制。

第三，随着认知神经科学的兴起，研究者采用 fNIRS 技术，就急性有氧运动对抑制控制影响的脑机制开展了系列研究，并取得部分可喜的研究成果，揭示了前额叶在急性有氧运动与自我控制之复杂关系中起到的重要作用，这为本书进一步辨明急性有氧运动对自我控制影响的脑机制奠定了基础。

第二节 以往研究的不足

不可否认，有关急性有氧运动与自我控制之复杂关系的研究尚处于起步阶段。具体而言，该领域在理论框架、研究内容以及脑机制探讨等方面仍有改善空间，导致对同一问题的研究产生了不同观点甚至出现了相互对立的理论。对现有文献进行综合分析后，我们发现该领域研究目前主要存在以下三大类问题。

第一，缺乏整合理论来解释急性有氧运动对自我控制的作用机制。如前所述，目前有关急性有氧运动对自我控制的影响研究存在不同结果，而以往的研究理论观点（或理论模型）却不能对此做出完整的解释。比如在序列范式下，认知 - 能量模型（Audiffren，2009；Hockey，1997；Sanders，1983）和倒 U 形理论（McMorris & Graydon，2000）可较好地解释中等强度急性有氧运动对自我控制的促进效应，却不能进一步解释急性有氧运动的损耗效应。在并行范式下，RAH 模型（Dietrich，2003；Dietrich & Audiffren，2011）可较好地解释急性有氧运动对自我控制的损耗效应，却不能解释急性有氧运动的促进效应。我们对这些理论观点及其实验证据进行认真的对比和分析之后，发现这些分歧结果可能受急性有氧运动过程中意志努力的影响，故本书将急性有氧运动划分为高意志努力和低意志努力两个水平（如表 2 - 1 所示）。在此基础上，我们试图依据原有理论模型，结合自我控制的力量模型（Baumeister et al.，2007）来解释急性有氧运动对自我控制的影响，并推测只有低意志努力的急性有氧运动才可提升自我控制，高意志努力的急性有氧运动则会损害（或不影响）自我控制。

表 2 - 1　急性有氧运动特征分类

运动特征	高意志努力的运动	低意志努力的运动
运动强度	高强度及以上	中等强度及以下
运动时间	长时间运动	短时间运动
主观用力感	费力	轻松

第二，未系统全面考察急性有氧运动对自我控制的影响。在研究设计上，存有序列和并行两种研究范式，目前多数研究仅采用某一种范式，而未同时采用这两种范式系统全面地考察急性有氧运动的强度对自我控制影响的剂量效应。此外，自我控制可划分为认知控制、情绪控制和行为控制（Berkman et al.，2012），目前在序列范式下，研究者主要关注急性有氧运动对抑制控制（认知自我控制）的提升作用，较少关注对其他自我控制（比如疼痛和行为自我控制）的影响，这种单方面的研究重点不利于系统全面地了解急性有氧运动对自我控制的影响。

第三，急性有氧运动对抑制控制影响的脑机制研究有待加强。虽然有研究者采用 fNIRS 等技术探讨急性有氧运动对抑制控制影响的脑机制。然而，从掌握的文献来看，大部分研究仅考察了某一种强度的急性有氧运动对抑制控制影响的脑机制，并且有些研究没有进一步细分、界定前额叶皮层的 ROIs。更重要的是，这些研究仅采用某一种序列或并行研究范式，来探讨急性有氧运动后或运动过程中个体执行抑制控制任务时前额叶皮层 O_2Hb 信号的变化。这种实验设计不利于全方位揭示在不同运动强度下，比较序列范式和并行范式下前额叶皮层的 O_2Hb 信号变化。

第三节 本研究目的

针对急性有氧运动与自我控制之复杂关系，以及以往研究存在的不足，本书采取相应的对策，探讨急性有氧运动对自我控制的影响及其脑机制。

第一，基于自我控制的力量模型（Baumeister et al.，2007），结合认知－能量模型（Audiffren，2009；Hockey，1997；Sanders，1983）和倒 U 形理论（McMorris & Graydon，2000）、RAH 模型（Dietrich，2003；Dietrich & Audiffren，2011），本书将采用序列范式和并行范式，探讨不同运动强度和运动时间的急性有氧运动对自我控制的影响，即探讨运动强度和运动时间对自我控制影响的剂量效应，旨在确定何种强度，以及何时进行急性有氧运动可提升或损害自我控制。

第二，鉴于以往研究主要探讨了急性有氧运动对认知自我控制的影响，本书将进一步探讨急性有氧运动对疼痛自我控制和行为自我控制的影响，以拓展序列范式下，急性有氧运动对自我控制影响的研究领域。

第三，在脑机制方面，本书采用 fNIRS 技术，同时采用序列范式和并行范式探讨不同运动强度和运动时程（运动前、运动中和运动后）条件下，个体执行自我控制任务时前额叶皮层的 O_2Hb 信号的变化，以全方位揭示急性有氧运动影响自我控制的脑机制。

第三章　实证研究：急性有氧运动对自我控制的影响

为了更为全面地探讨急性有氧运动对自我控制的影响，本书拟分为3个子研究5个实验。

研究一的目的是通过序列研究范式考察急性有氧运动对不同类型自我控制的影响。包括3个实验：实验1采用Stroop任务来测量认知自我控制，实验2采用冷压疼痛忍耐任务来测量疼痛自我控制，实验3采用握手柄任务来测量行为自我控制。这3个实验均设置了高强度、中等强度、低强度和对照组4组。

研究二的目的是在并行范式下考察不同运动强度和运动时间的急性有氧运动对自我控制的影响。运动强度的设计同研究一，分为高、中、低强度和对照组4组。运动时间设计为请被试在有氧运动过程中的前期和后期两个时间段分别完成3分钟的Stroop任务。由于实验本身条件的限制，个体在执行有氧运动任务的同时难以完成冷压疼痛忍耐任务和握手柄任务，故研究二只设置了实验4，采用Stroop任务测量认知自我控制。

研究三的目的是考察急性有氧运动对自我控制影响的脑机制。运动强度分为高、低强度和对照组3组，采用Stroop任务测量认知自我控制。运用fNIRS技术监控有氧运动前、中、后的个体在执行Stroop任务时前额叶皮层的O_2Hb信号的变化，以探讨运动强度和运动时程对自我控制影响的脑机制。具体研究框架如表3-1所示。

表 3 - 1 急性有氧运动对自我控制影响的研究框架

研究	实验与目的	研究设计	自变量	因变量
研究一：序列范式下急性有氧运动对自我控制的影响	实验1：探讨运动强度对认知自我控制影响的剂量效应	4×2×2三因素混合设计	组间变量1：运动强度（高、中、低、无）；组内变量2：测试次序（前测、后测）；组内变量3：Stroop条件（一致、不一致）	Stroop任务的反应时和错误率
	实验2：探讨运动强度对疼痛自我控制影响的剂量效应	4×2两因素混合设计	组间变量1：运动强度（高、中、低、无）；组内变量2：测试次序（前测、后测）	冷压疼痛的忍耐时间
	实验3：探讨运动强度对行为自我控制影响的剂量效应	4×2两因素混合设计	组间变量1：运动强度（高、中、低、无）；组内变量2：测试次序（前测、后测）	握手柄的耐力时间
研究二：并行范式下急性有氧运动对自我控制的影响	实验4：探讨不同运动强度和运动时间对认知自我控制影响的剂量效应	4×3×2三因素混合设计	组间变量1：运动强度（高、中、低、无）；组内变量2：运动时间（基线、前期、后期）；组内变量3：Stroop条件（一致、不一致）	Stroop任务的反应时和错误率
研究三：急性有氧运动对自我控制影响的脑机制	实验5：采用fNIRS技术，探讨运动强度和运动时程对认知自我控制影响的剂量效应及脑机制	3×3×2三因素重复测量设计	组间变量1：运动强度（高、低、无）；组内变量2：运动时程（运动前测、中测、后测），其中运动中测包括10个blocks；组内变量3：Stroop条件（一致、不一致）	Stroop任务的反应时和错误率；前额叶皮层的O_2Hb信号

第一节 研究一：序列范式下急性有氧运动对自我控制的影响

如前文所述，大量研究表明，不同的急性有氧运动强度会对抑制控制产生不同影响，其中，中等强度急性有氧运动可提升抑制控制（Chang et al.，2012；Jackson et al.，2016；Lambourne & Tomporowski，2010）。Sanders（1983）的认知－能量模型认为，急性有氧运动通过生理唤醒、努力和激活三个能量库来提升抑制控制。还有研究者认为，急性有氧运动会刺激单胺类系统，促进 NA、DA 和 ACh 等多种神经递质释放，增加 BDNF 的浓度，提升积极情绪和抑制控制（Meeusen et al.，2001）。甚至有研究者认为，由急性有氧运动诱发的积极情绪可能与自我控制提升相关（Audiffren & André，2015；Byun et al.，2014）。

此外，倒 U 形理论认为，运动强度对抑制控制的影响存在剂量效应，主要源于诱发的唤醒水平不同，例如低强度、高强度运动诱发的唤醒水平过低、过高，导致认知任务成绩不高；而中等强度运动对应最佳唤醒水平，促使认知任务成绩得到最大限度的提高（McMorris & Graydon，2000）。然而，倒 U 形理论未进一步解释高强度运动所诱发的高唤醒水平，是如何导致认知任务成绩不佳的。鉴于此，我们结合倒 U 形理论（McMorris & Graydon，2000）与自我控制的力量模型（Baumeister et al.，2007），将急性有氧运动分为高意志努力和低意志努力两类。本研究认为高意志努力急性有氧运动（如高强度运动）之所以未能提高（甚至降低）认知自我控制任务的成绩，是因为高强度运动消耗了过多的自我控制能量，个体出现了自我损耗状态，无足够能量来完成后续的自我控制任务。为了验证这一假设，本研究将运动强度分为高、中、低强度和对照组 4 种水平，考察急性有氧运动的强度对自我控制影响的剂量效应。

此外，自我控制可划分为多种类型（张烨、张力为，2017），目前研究者主要关注急性有氧运动对认知自我控制（例如 Stroop、Flanker 任务等）的影响，较少关注其对其他类型自我控制的影响。鉴于此，本研究依据 Berkman 等人（2012）对自我控制的分类，即将自我控制分成认知、疼痛（情绪）和行为 3 种类型，并通过 3 个实验考察急性有氧运动的强度对认知、疼痛和行为自我控制的影响。研究目的有三：①探讨急性有氧运动的强度对自我控制影响的剂量效应，旨在确定何种强度急性有氧运动可提升自我控制，何种强度急性有氧运动会损害（或不提升）自我控制。②探讨急性有氧运动诱发的情绪状态是否与自我控制改变相关。③以往研究结果表明，中等强度急性有氧运动对认知自我控制具有提升效果，本研究将进一步检验这种提升效果可否推广到疼痛自我控制和行为自我控制。

一、实验 1：急性有氧运动的强度对认知自我控制的影响

（一）研究目的

采用 Stroop 任务（Stroop，1935）来测量认知自我控制，并设置不同强度（高强度、中等强度、低强度、对照组）的急性有氧运动方案，来探讨急性有氧运动的强度对认知自我控制影响的剂量效应。依据倒 U 形理论（McMorris & Graydon，2000）、自我控制的力量模型（Baumeister et al.，2007）以及由运动诱发的积极情绪等相关研究成果（Byun et al.，2014；Reed & Buck，2009），本实验提出如下 4 个研究假设：

假设 1：低强度急性有氧运动不会影响认知自我控制；

假设 2：中等强度急性有氧运动会提升认知自我控制；

假设 3：高强度急性有氧运动会损害认知自我控制；

假设 4：有氧运动所诱发的积极情绪与认知自我控制提升之间存有相关。

（二）研究方法

1. 研究设计

采用 4（运动强度：高强度、中等强度、低强度、对照组）×2（测试次序：前测、后测）×2（Stroop 条件：一致、不一致）三因素混合设计。其中运动强度为组间变量，测试次序和 Stroop 条件为组内变量。Stroop 任务的反应时和错误率为因变量。

2. 研究对象

研究对象为普通大学的本科生，入选标准为：①身体健康，无神经系统和高血压等疾病；②近期未因参加过剧烈运动而导致身体疲劳或肌肉酸痛；③视力正常或校正后正常，右利手；④以往未参加急性运动与认知功能等相关实验；⑤能够完成 30 分钟的骑功率自行车的任务。

最终招募到符合入选标准的 84 名本科生自愿参加实验，采用抽签方法将入选者随机分配到高强度、中等强度、低强度和对照组。在实验过程中，有 2 名被试由于身体素质等因素，未完成 30 分钟有氧运动任务，中止实验；还有 1 名被试在执行 Stroop 任务时，由于电脑故障，未收集到其完整数据。剩余有效被试 81 名，其中男 50 名，女 31 名，年龄 18～22 岁。最终，被试按高强度组 20 名、中等强度组 20 名、低强度组 21 名和对照组 20 名分配，每个人完成实验后可获得 30 元劳务费。

3. 仪器与材料

被试需要完成急性有氧运动和 Stroop 两项任务，相应的仪器设备和实验材料概述如下：

（1）急性有氧运动任务采用 Ergoline 功率自行车实施。该功率自行车型号为 Ergoselect 100，产地德国，负荷范围 6～999W，内置 polar 表的接收器，可按设定目标心率实施运动方案。

（2）Stroop 任务用 E-prime 2.0 软件编写，在笔记本电脑上运行。电脑屏幕背景为黑色，分辨率为 1 024×768 像素，刷新率为 75Hz。被试与屏幕的间距约为57cm。实验刺激为注视点刺激和汉字刺激。注视点刺激为白色"+"，大小1cm×1cm；汉字刺激为不同颜色的"红""绿""蓝"三个汉字，大小2.1cm×2.1cm。

4. 实验方案

（1）急性有氧运动方案。

根据已有文献的标准以及大学生的体质特征，确定有氧运动的低、中、高3种强度标准（Chu et al.，2015；王莹莹、周成林，2014）。由于最大心率（HR_{max}）未考虑个体基础心率的差异性（Robergs & Landwehr，2005），我们放弃了HR_{max}，而采用储备心率（储备心率=最大心率－安静心率）来区分不同运动强度。靶心率计算公式为：靶心率=安静心率+储备心率×强度%区间。其中最大心率HR_{max}=207－0.7×年龄（Gellish et al.，2007）。低、中、高强度的强度区间分别为50%～59%、60%～69%和70%～79%（Chang et al.，2011）。具体设定靶心率的低、中、高强度分别为55%、65%和75%。采用Ergoline功率自行车实施不同强度的有氧运动方案，并运用Ergoline 100K心率胸带监控运动过程中的心率。依据被试运动能力以及设定靶心率自行调整功率自行车阻力大小，阻力范围30～200W，踏车节律约为60r/min。有氧运动时间为30min：热身5min，维持目标强度运动20min，最后整理5min。

对照组要求阅读报纸或休息30min，同时采用Ergoline 100K心率胸带监控被试休息过程中的心率。

（2）Stroop任务。

实验材料为用红、绿、蓝3种颜色书写的"红""绿""蓝"三个汉字。分为一致与不一致两种条件。一致条件为字体颜色和字义相同，比如用红颜色书写"红"字；不一致条件为字体颜色和字义不同，比如用绿颜色书写"红"字。要求被试对字的颜色进行反应。指导语如下：

如果汉字的颜色是红色则按"J"键，如果是绿色则按"K"键，如果是蓝色则按"L"键,分别对应右利手的食指、中指和无名指。

实验流程如图3-1所示。首先在黑色背景上呈现白色注视点"+"500ms;然后在注视点与色词刺激呈现之间随机间隔500ms或700ms,以消除被试的期望效应;接着呈现色词刺激200ms,刺激消失后,要求被试在2 300ms内对色词进行按键反应。被试按键后,结束该trial,进入下一个trial。

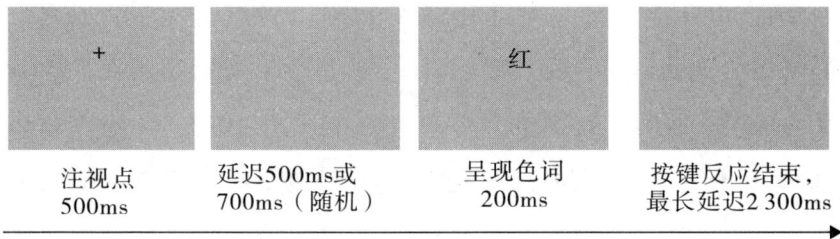

图3-1 实验1的Stroop实验流程

整个Stroop任务包括练习实验和正式实验两部分。练习实验为24个trials,正式实验为288个trials。练习实验有正误的反馈信息,正式实验无反馈信息。正式实验分成3个blocks,每个block包括96个trials;"一致条件"与"不一致条件"的trial随机出现,各占50%;每个block之间休息1min。

5. 无关变量和运动操作检查

为了排除无关变量干扰实验结果的可能,以及对急性有氧运动干预的效果进行操作检查,本实验测量了以下指标:

(1)人口变量。包括性别、年龄、身高、体重。年龄由被试报告,身高、体重由实验室仪器测试,并计算出BMI值。

(2)身体活动量表。采用Bauman等人(2009)编制的国际身体活动量表(International Physical Activity Questionnaire,简称IPAQ)的简式版

本，共 7 题。要求被试报告参加剧烈、适度和步行等身体活动的频率（每周多少次）和时间（每次多少分钟），以估算出个体每周身体活动水平（METs/w）。

（3）特质自我控制量表。采用谭树华和郭永玉（2008）编译的特质自我控制量表（Aelf-control Scale，简称 SCS），共 19 题；采用 Likert 5 级评分，从"1 完全不符合"到"5 完全符合"，以测量个体的特质自我控制水平。

（4）有氧运动操作检查包括 2 个指标：①心率（heart rate，简称 HR）。采用 Ergoline 100K 心率胸带测量运动前、中、后的心率。运动前心率是在执行前测 Stroop 任务之前测量的；运动中心率为在运动过程中（或在对照组休息中）每 5min 监控 1 次心率，以此求得运动过程中（或休息中）的平均心率；运动后心率是在有氧运动后，执行后测 Stroop 任务之前测量的。②主观用力感（Rating of Perceived Exertion，简称 RPE）。采用主观用力感来监控运动过程中被试的主观强度、疲劳及不适感（Borg，1982），分值范围为 6～20 分，代表从"6 = 非常轻"到"20 = 非常用力"。在运动（或休息）过程中，每 5min 报告 1 次。

（5）简明情绪量表。采用孙拥军（2008）编译的简式心境内省量表（Brief Mood Introspection Scale，简称 BMIS），共 16 题；采用 Likert 7 级评分，从"1 完全不符合"到"7 完全符合"，以评估不同强度运动后的心境状态，排除心境对研究结果的影响。

运用问卷网收集上述的人口变量、身体活动量表、特质自我控制量表和简明情绪量表等信息。

6. 实验流程

实验流程如图 3 - 2 所示。

步骤一：阅读并填写《知情同意书》

步骤二：填写个人基本信息、IPAQ和特质自我控制量表

步骤三：佩戴Ergoline 100K心率胸带，测量运动前心率

步骤四：完成Stroop任务，获得前测错误率和反应时值

步骤五：抽签，随机分配急性有氧运动组
（高、中、低强度）和对照组

步骤六：急性有氧运动组进行5min的热身运动，使其心率在5min时达到靶心率下限；之后在靶心率区间内运动20min，其间每5min记录1次HR和RPE；最后整理运动5min

步骤六：对照组自由休息或阅读报纸30min，为了与对照组匹配，期间20min内每5min记录一次HR和RPE

步骤七：填写简明情绪量表（BMIS）

步骤八：间隔5min，记录运动后的心率，完成Stroop任务，获得后测错误率和反应时值

步骤九：实验结束，表示感谢，发放实验劳务费

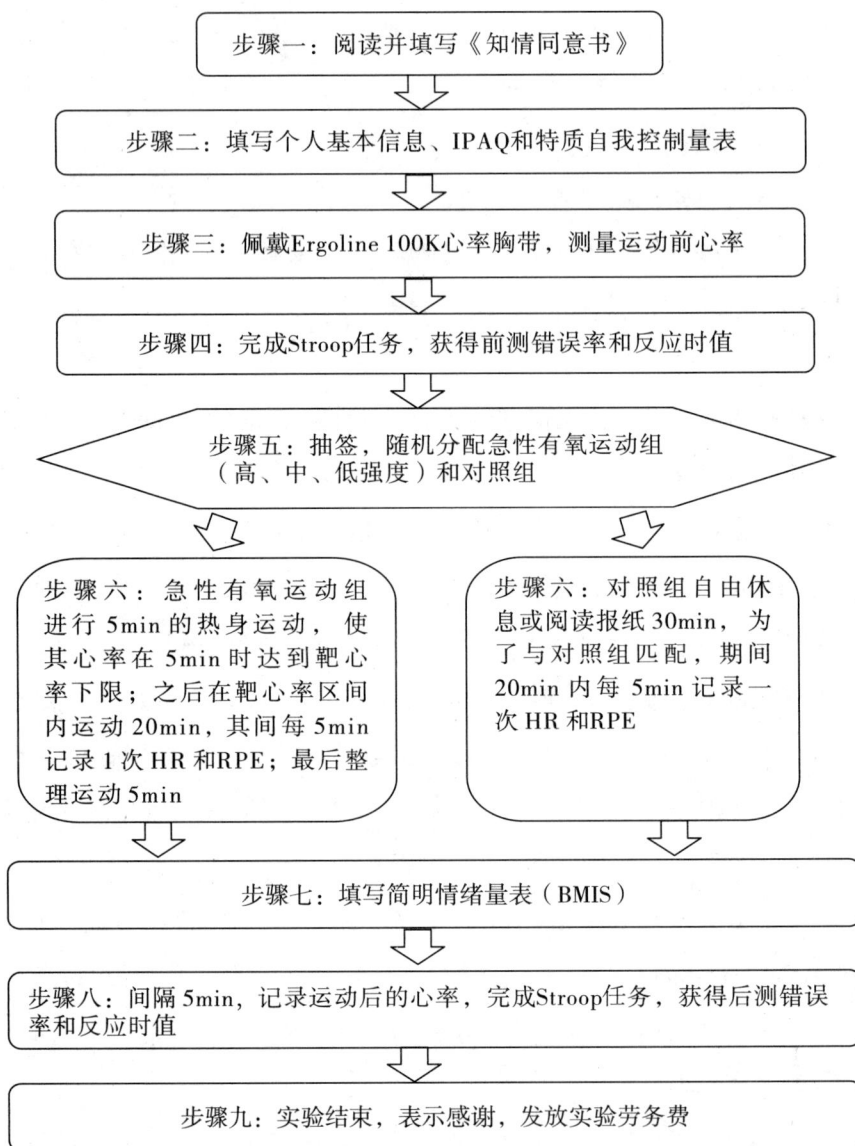

图3-2 实验1流程图

7. 统计分析

采用E-data软件整理Stroop任务数据并导入Excel 2010中，其他数据信息采用Excel 2010录入和整理，最后采用SPSS 23.0进行方差和相关分析。

具体方差分析包括如下 3 个步骤：第一，采用三因素混合设计方差分析检验 Stroop 条件的主效应，以判别在所有实验条件下，Stroop 一致条件与不一致条件之间是否存在差异，即检验是否存在 Stroop 干扰效应；第二，以 Stroop 干扰效应（不一致条件的指标减去一致条件的指标）为因变量，采用两因素混合设计方差检验运动强度与测试次序之间的交互作用和简单效应，以判别在不同运动强度条件下，Stroop 干扰效应的前测与后测之间是否存在差异；第三，以 Stroop 干扰效应前后测差值为因变量，采用单因素方差分析检验运动强度的主效应，以判别不同运动强度条件下，Stroop 干扰效应的变化值是否有差异。此 3 个步骤层层递进，若前一个步骤检验结果不存在差异，则不进行下一步的统计分析。

依据美国心理学协会（APA）的建议，统计分析应报告效果量，并将效果量作为假设检验的补充（Vacha-Haase et al. , 2000）。为此，本研究将报告方差分析的效果量（偏 η^2），效果量大小判断标准如下：小效果量，$0.01 \leqslant$ 偏 $\eta^2 < 0.06$；中效果量，$0.06 \leqslant$ 偏 $\eta^2 < 0.14$；大效果量，偏 $\eta^2 \geqslant 0.14$（胡竹菁、戴海琦，2011）。

（三）研究结果

1. 无关变量监控

表 3 - 2 呈现了不同运动强度的无关变量的描述统计结果。以运动强度为自变量，被试的人口变量、身体活动水平和特质自我控制为因变量，分别进行单因素方差分析。结果显示：运动强度在被试的年龄、身高、体重、BMI、身体活动水平和特质自我控制等 6 个指标上均无显著性差异，$p's > 0.05$。说明本实验所采用的随机分配法能较好地平衡被试无关变量的差异性。

2. 运动操作检查

运动操作检查的描述统计结果如表 3 - 2 所示。以运动强度为自变量，以运动前心率、运动中心率、运动后心率、主观用力感和情绪状态为因变量，分别进行单因素方差分析。结果显示：①在运动前心率的指标上，运动强度的主效应不显著，$F(3,77)=0.282$，$p=0.838$，偏 $\eta^2=0.011$，属于小效果量。②在运动中心率的指标上，运动强度的主效应显著，$F(3,77)=622.733$，$p<0.001$，偏 $\eta^2=0.960$，属于大效果量，心率从高往低依次为高强度、中等强度、低强度和对照组。事后多重均数比较发现，这些组两两之间均存有差异，$p's<0.001$。③在运动后心率的指标上，运动强度的主效应显著，$F(3,77)=26.946$，$p<0.001$，偏 $\eta^2=0.512$，属于大效果量。心率从高往低依次为高强度、中等强度、低强度和对照组。事后多重均数比较发现，高强度与中等强度、高强度与低强度、低强度与对照组之间存有差异，$p's<0.001$。④在主观用力感的指标上，运动强度的主效应显著，$F(3,77)=113.580$，$p<0.001$，偏 $\eta^2=0.816$，属于大效果量。主观用力感从高往低依次为高强度、中等强度、低强度和对照组。事后多重均数比较发现，这 4 组中两两之间均存有显著性差异，$p's<0.001$。⑤在情绪状态的指标上，运动强度的主效应显著，$F(3,77)=6.208$，$p=0.001$，偏 $\eta^2=0.195$，属于大效果量。情绪状态从低往高依次为高强度、对照组、中等强度和低强度。事后多重均数比较发现，高强度与中等强度、高强度与低强度、低强度与对照组之间存有差异，$p's<0.05$。这些结果提示，本实验的有氧运动方案是有效的，能够区分出高强度、中等强度和低强度 3 个水平。

表 3-2   不同运动强度的无关变量及运动操作检查的描述统计 ($M\pm SD$)

变量	对照组	低强度	中等强度	高强度
样本量	20	21	20	20
性别（女）	8	10	6	7
年龄/岁	20.75±1.59	20.57±1.40	20.00±0.92	20.15±1.27
身高/cm	171.30±8.57	168.90±10.08	170.50±7.07	170.10±6.71
体重/kg	62.20±8.94	60.90±10.55	62.84±8.75	62.19±7.15

（续上表）

变量		对照组	低强度	中等强度	高强度
BMI/（kg·m⁻²）		21.10 ± 1.62	21.18 ± 1.67	21.53 ± 1.98	21.45 ± 1.67
身体活动水平/（METs/w）		2 320.03 ± 1 118.09	2 165.90 ± 978.45	2 207.08 ± 573.40	2 324.58 ± 728.61
特质自我控制		3.21 ± 0.50	3.23 ± 0.45	3.16 ± 0.37	3.02 ± 0.40
运动操作检查	运动前心率	72.15 ± 10.31	74.48 ± 13.41	72.05 ± 10.66	71.60 ± 9.41
	运动中心率	71.83 ± 10.19	133.80 ± 6.95	145.71 ± 4.99	156.86 ± 2.90
	运动后心率	70.90 ± 9.79	91.90 ± 12.05	94.10 ± 10.31	101.90 ± 10.32
	主观用力感（RPE）	7.05 ± 1.10	10.71 ± 1.76	13.90 ± 1.77	16.01 ± 1.81
	情绪状态	3.61 ± 0.46	3.97 ± 0.34	3.81 ± 0.41	3.40 ± 0.58

3. Stroop 干扰效应的错误率

表 3-3 呈现了不同运动强度的 Stroop 任务错误率的描述统计结果。为了检验所有实验条件中是否均存在 Stroop 效应，本实验采用 4（运动强度：高强度、中等强度、低强度、对照组）×2（测试次序：前测、后测）×2（Stroop 条件：一致、不一致）重复测量方差分析，主要检验 Stroop 条件的主效应。结果显示：Stroop 条件主效应显著，$F(1, 77) = 7.726$，$p = 0.007$，偏 $\eta^2 = 0.091$，属于中效果量。Stroop 不一致条件的错误率高于一致条件的错误率，说明在错误率指标上，本实验存在 Stroop 效应。

表 3-3 不同运动强度的 Stroop 任务错误率的描述统计（$M \pm SD$）

色词条件	对照组（$n=20$）		低强度（$n=21$）		中等强度（$n=20$）		高强度（$n=20$）	
	前测	后测	前测	后测	前测	后测	前测	后测
不一致	2.67 ± 3.06	2.95 ± 1.90	2.55 ± 2.41	1.98 ± 1.56	2.67 ± 3.06	2.95 ± 1.90	2.55 ± 2.41	1.98 ± 1.56
一致	1.80 ± 1.82	1.70 ± 1.74	1.78 ± 1.68	1.98 ± 2.06	1.80 ± 1.82	1.70 ± 1.74	1.78 ± 1.68	1.98 ± 2.06

（续上表）

色词条件	对照组（$n=20$）		低强度（$n=21$）		中等强度（$n=20$）		高强度（$n=20$）	
	前测	后测	前测	后测	前测	后测	前测	后测
干扰效应	0.87 ± 3.69	1.25 ± 1.56	0.76 ± 2.53	0.00 ± 2.30	0.87 ± 3.69	1.25 ± 1.56	0.76 ± 2.53	0.00 ± 2.30

为进一步检验运动强度对 Stroop 任务的影响，本实验采用 Stroop 干扰效应（Stroop interference effect）指标进行分析。Stroop 干扰效应是由色词语义（自动化加工）对色词颜色（控制加工）产生干扰，通常采用 Stroop 任务中不一致条件成绩与一致条件成绩的差值来表示（Kujach et al.，2018；Yanagisawa et al.，2010）。大量研究表明，Stroop 干扰效应是测量自我控制表现的一个良好指标（Hagger et al.，2010a）。故本实验以 Stroop 干扰效应的错误率为因变量，做 4（运动强度：高强度、中等强度、低强度、对照组）×2（测试次序：前测、后测）重复测量方差分析。结果显示：运动强度主效应不显著，$F(3,77)=0.642$，$p=0.590$，偏 $\eta^2=0.024$，属于小效果量；测试次序主效应不显著，$F(1,77)=0.449$，$p=0.505$，偏 $\eta^2=0.006$，属于小效果量；运动强度与测试次序的交互作用不显著，$F(3,77)=0.365$，$p=0.779$，偏 $\eta^2=0.014$，属于小效果量。交互作用不显著，说明运动强度对 Stroop 干扰效应的变化不产生影响。

4. Stroop 干扰效应的反应时

表 3-4 呈现了不同运动强度的 Stroop 任务反应时的描述统计结果。为了检验所有实验条件中是否均存在 Stroop 效应，本实验以 Stroop 反应时为因变量，做 4（运动强度：高强度、中等强度、低强度、对照组）×2（测试次序：前测、后测）×2（Stroop 条件：一致、不一致）重复测量方差分析。结果显示：Stroop 条件主效应显著，$F(1,77)=396.583$，$p<0.001$，偏 $\eta^2=0.837$，属于大效果量。Stroop 不一致条件的反应时大于一致条件的反应时，说明在反应时指标上，所有实验条件都存在 Stroop 效应。

表 3 - 4　不同运动强度的 Stroop 任务反应时的描述统计 （$M \pm SD$）

色词条件	对照组 （$n = 20$）		低强度 （$n = 21$）		中强度 （$n = 20$）		高强度 （$n = 20$）	
	前测	后测	前测	后测	前测	后测	前测	后测
不一致	462.28 ± 111.49	419.29 ± 103.00	526.58 ± 109.96	507.02 ± 106.53	456.57 ± 156.87	399.55 ± 134.10	488.76 ± 101.69	519.07 ± 99.55
一致	387.14 ± 99.74	352.65 ± 88.26	427.69 ± 95.10	420.74 ± 95.20	373.79 ± 131.66	340.34 ± 117.23	402.98 ± 75.82	411.08 ± 59.94
干扰效应	75.14 ± 30.01	66.64 ± 28.51	98.89 ± 27.33	86.27 ± 27.23	82.78 ± 36.06	59.21 ± 24.76	85.77 ± 60.80	107.98 ± 66.10

　　为进一步检验运动强度对 Stroop 效应的影响，与 Stroop 任务错误率的统计分析方法相同，以 Stroop 干扰效应的反应时（不一致条件的反应时减去一致条件的反应时）为因变量，做 4（运动强度：高强度、中等强度、低强度、对照组）×2（测试次序：前测、后测）重复测量方差分析。结果显示：运动强度主效应显著，属于中效果量；测试次序主效应边缘显著，属于小效果量；运动强度与测试次序的交互作用显著，属于大效果量。方差分析结果及相关数据如表 3 - 5 所示。

表 3 - 5　运动强度和测试次序对 Stroop 干扰效应影响的方差分析结果

变异来源	SS	df	MS	F	偏 η^2	p
运动强度（组间）	23 189.864	3	7 729.955	2.759	0.097	0.048
误差（运动强度）	215 724.699	77	2 801.619			
测试次序（组内）	1 278.947	1	1 278.947	2.719	0.034	0.103
运动强度×测试次序	11 566.583	3	3 855.528	8.196	0.242	0.000
误差（测试次序）	36 223.873	77	470.440			

　　交互作用显著，说明运动强度对前后测的 Stroop 干扰效应产生不同影响，需要进一步的简单效应检验。简单效应检验结果显示：①高强度运动条件下，测试次序的简单效应显著，$F(1, 77) = 10.487$，$p = 0.002$，

偏 $\eta^2 = 0.120$，属于中效果量，后测的干扰效应（107.98 ± 66.10）大于前测的干扰效应（85.77 ± 60.80），说明高强度运动增加了 Stroop 干扰效应，损害了认知自我控制。②中等强度运动条件下，测试次序的简单效应显著，$F(1,77) = 11.813$，$p = 0.001$，偏 $\eta^2 = 0.133$，属于中效果量，后测的干扰效应（59.21 ± 24.76）少于前测的干扰效应（82.78 ± 36.06），说明中等强度运动减少了 Stroop 干扰效应，提升了认知自我控制。③低强度运动条件下，测试次序的简单效应边缘显著，$F(1,77) = 3.554$，$p = 0.063$，偏 $\eta^2 = 0.044$，属于小效果量，后测的干扰效应（86.27 ± 27.23）少于前测的干扰效应（98.89 ± 27.33），说明低强度运动减少了 Stroop 干扰效应，提升了认知自我控制。④对照组中测试次序的简单效应不显著，$F(1,77) = 1.537$，$p = 0.219$，偏 $\eta^2 = 0.020$，属于小效果量，说明对照组前后测的 Stroop 干扰效应未发生明显变化。交互作用结果如图 3-3 所示。

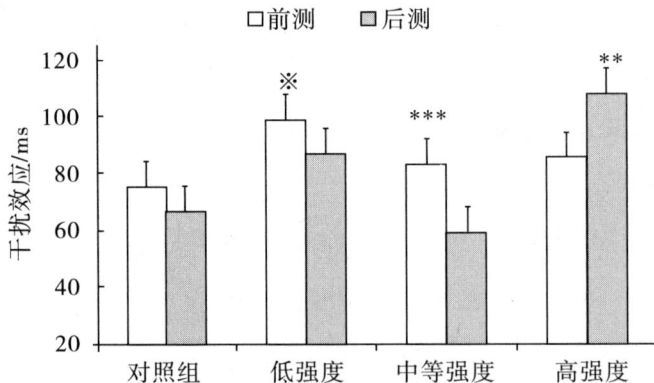

图 3-3 运动强度与测试次序交互作用图解

注：星号表示在同一种运动强度下，前测与后测之间存有显著性差异。其中，＊＊＊表示 $p < 0.001$，＊＊表示 $p < 0.01$，＊表示 $p < 0.05$，※表示 $p < 0.1$。

为进一步明确各组的干扰效应之间的差异，本实验对 Stroop 干扰效应的前后测差值进行单因素方差分析。结果显示：运动强度主效应显著，$F(3,77) = 8.196$，$p < 0.001$，偏 $\eta^2 = 0.242$，属于大效果量。事后多重均

数比较结果显示，高强度与中等强度、高强度与低强度、高强度与对照组、中等强度与对照组之间存有显著性差异，$p's < 0.05$，其他两两各组之间无显著性差异。4 组 Stroop 干扰效应前后测差值如图 3-4 所示。

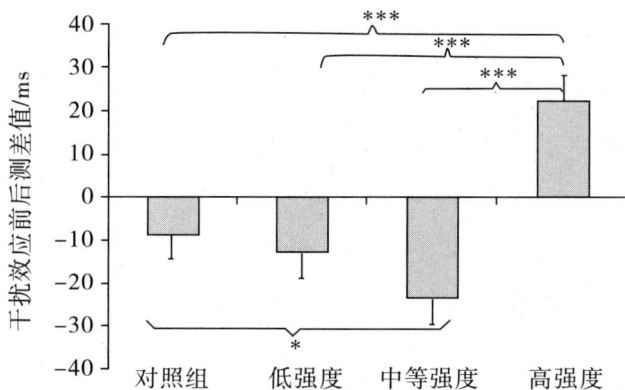

图 3-4 不同运动强度下的 Stroop 干扰效应前后测差值

注：星号表示在同一种运动强度下，前测与后测之间存有显著性差异。其中，＊＊＊表示 $p < 0.001$，＊＊表示 $p < 0.01$，＊表示 $p < 0.05$，※表示 $p < 0.1$。

结合上述结果，可认为运动强度对 Stroop 干扰效应的反应时指标产生不同影响。具体表现在 3 个方面：①低强度运动条件下，前测与后测的 Stroop 干扰效应边缘显著，尽管干扰效应的差值（差值＝后测反应时－前测反应时）与对照组干扰效应的差值无显著性差异，然而也表明低强度急性有氧运动提升了认知自我控制。②中等强度运动条件下，后测的 Stroop 干扰效应显著少于前测的干扰效应，而且这种干扰效应减少量多于对照组干扰效应的减少量。这表明中等强度急性有氧运动提升了认知自我控制。③高强度运动条件下，后测的 Stroop 干扰效应显著多于前测的干扰效应，而且干扰效应增量与其他 3 组（中等强度、低强度和对照组）均有差异。这表明高强度急性有氧运动损害了认知自我控制。

5. 情绪状态与 Stroop 干扰效应的相关

由运动操作检查可知（如表 3-2 所示），高强度运动条件下个体积极情绪显著低于中等强度和低强度组，这意味着随着运动强度增加，被试的积极情绪水平会下降。那么这种由运动所诱发的情绪状态与 Stroop 干扰效应是否相关呢？本实验在高强度、中等强度和低强度的有氧运动状态下，对积极情绪水平与 Stroop 干扰效应之间的关系进行 Pearson 相关分析。结果显示：情绪状态与后测 Stroop 干扰效应无显著性相关，$r = -0.041$，$p = 0.755$；情绪状态与前后测 Stroop 干扰效应的差值无显著性相关，$r = 0.007$，$p = 0.956$。说明由运动所诱发的情绪状态与提升认知自我控制无相关。

（四）讨论

实验 1 采用 Stroop 任务来探测认知自我控制，考察了运动强度对认知自我控制影响的剂量效应。研究结果显示，就 Stroop 效应的错误率而言，色词颜色与语义一致条件的错误率显著少于不一致条件的错误率，表明存在 Stroop 效应。然而，运动强度对 Stroop 效应的错误率指标却未产生不同影响，其原因可能是本实验中不同运动强度条件下的错误率很低，其范围为 0.00% ~ 1.15%，存在地板效应（Yanagisawa et al.，2010），导致 Stroop 干扰效应的错误率指标在不同运动强度组中不敏感。

就 Stroop 效应的反应时而言，色词颜色与语义一致条件的反应时显著少于不一致条件的反应时，表明存在 Stroop 效应。进一步分析发现，运动强度对 Stroop 效应的反应时产生的影响表现在 3 个方面：①低强度急性有氧运动提升了认知自我控制，不支持研究假设 1；②中等强度急性有氧运动提升了认知自我控制，支持研究假设 2；③高强度急性有氧运动损害了认知自我控制，支持研究假设 3。可见，该实验结果表明运动强度对认知自我控制影响存在剂量效应，其分界点为高和中等强度运动，部分支持倒 U 形理论（McMorris & Graydon，2000）。针对高强度运动损害了认知自我控制这一结果，本研究认为可采用自我控制的力量模型（Baumeister et al.，2007）来解释，即个体维持高强度运动需要付出许多意志努力，消耗了过多的自我控制能量，出现了自我损耗状态，致使个体无足够能量来完成后续的自我控制任务（详细内容见后续讨论部分）。

相关分析结果显示，由运动强度所诱发的不同情绪状态与提升自我控制无相关，不支持研究假设 4。本研究结果与 Yanagisawa 等人（2010）的研究结果不一致。他们的研究结果显示由低强度急性有氧运动所诱发的情绪状态与 Stroop 干扰效应呈负相关。可能是实验设计方案不同导致该结果，Yanagisawa 等人（2010）采用低强度急性有氧运动方案，在运动前和运动后都测量了情绪状态；而本实验采用了高、中和低强度急性有氧运动方案，仅在运动后测量了情绪状态。这些不同实验设计可能会影响数据结果，致使本实验与 Yanagisawa 等人（2010）的结果不一致。

总之，实验 1 揭示了不同运动强度对认知自我控制的影响存在剂量效应，其中高强度运动会损害认知自我控制，而中等、低强度运动会提升认知自我控制，并且这种剂量效应与由运动所诱发的情绪状态无关。那么运动强度对认知自我控制影响的剂量效应是否适用于疼痛自我控制呢？为了回答此问题，我们设计了实验 2。

二、实验 2：急性有氧运动的强度对疼痛自我控制的影响

（一）研究目的

本实验拟采用冷压疼痛忍耐任务（cold pressor task，CPT）测量疼痛自我控制。该项任务要求被试将手放入冰水中，随着时间延长会因为血管收缩而产生疼痛感。在这种情况下，被试为了克服这种"自下而上"的疼痛感，需要采用自我控制资源来克制（Legrain et al.，2009），因此，冷压疼痛忍耐任务的忍耐时间是衡量自我控制的良好指标，常被用于测量自我控制表现（Oosterman et al.，2010；Zou et al.，2016）。

那么，冷压疼痛忍耐任务是否会诱发情绪体验？国际疼痛学会

（IASP）曾将疼痛定义为"与实际或潜在的组织损伤相关的不愉快的感觉和情绪体验"（Merskey & Bogduk，1994）。从该定义可看出，疼痛不仅是一种不愉快的感觉，而且会引发不愉快的情绪体验。此外，疼痛的平行加工模型认为，个体处在疼痛状态下，与疼痛有关的情绪图式和感觉图式会被同时激活，并且这种激活加工是无意识的（Levanthal & Everhart，1979）。至于哪方面疼痛进入意识，取决于注意力定向。若注意力聚焦于疼痛感觉特征上，则感觉图式优先进入意识，疼痛体验会减缓。反之，若注意力聚焦于情绪体验上，则情绪图式优先进入意识，疼痛体验会加剧。可见，平行加工模型认为，疼痛也会激活情绪图式加工，而且这种情绪图式会加剧疼痛体验（Levanthal & Everhart，1979）。更重要的是，Dodo 和 Hashimoto（2015、2017）的实证研究结果表明，经过冷压疼痛忍耐任务后，与低焦虑敏感者相比，高焦虑敏感者更会产生害怕疼痛的情绪体验。综合上述理论模型和实证研究，我们认为冷压疼痛忍耐任务可诱发情绪体验，也就是说，在冷压疼痛忍耐任务中，个体需要克服由疼痛诱发的不愉快、害怕疼痛的情绪体验。

应指出的是，疼痛除了可能诱发情绪体验之外，还可能会影响到个体注意和记忆等认知功能（孟景等，2011），同时可能涉及行为自我控制，比如自动化地避免疼痛（Zou et al.，2016）。因此，本实验将冷压疼痛忍耐任务中的忍耐时间作为疼痛自我控制的测量指标，主要涉及情绪自我控制，也可能涉及认知和行为自我控制。在具体实验过程中，设置不同强度的急性有氧运动方案，来探讨急性有氧运动的强度对疼痛自我控制影响的剂量效应。与实验 1 相似，依据倒 U 形理论（McMorris & Graydon，2000）、自我控制的力量模型（Baumeister et al.，2007）以及由运动诱发的积极情绪等相关研究成果（Byun et al.，2014；Reed & Buck，2009），本实验提出如下 4 个研究假设：

假设 1：低强度急性有氧运动不会影响疼痛自我控制；

假设 2：中等强度急性有氧运动会提升疼痛自我控制；

假设3：高强度急性有氧运动会损害疼痛自我控制；

假设4：有氧运动所诱发的积极情绪与疼痛自我控制提升之间存有相关。

（二）研究方法

1. 研究设计

采用4（运动强度：高强度、中等强度、低强度、对照组）×2（测试次序：前测、后测）两因素混合设计。其中运动强度为组间变量，测试次序为组内变量。冷压疼痛的忍耐时间为因变量。

2. 研究对象

研究对象为普通大学的本科生，入选标准同实验1。最终招募到符合入选标准的72名本科生自愿参加实验，采用抽签方法将被试随机分配到高强度、中等强度、低强度和对照组。在实验过程中，有1名被试由于身体素质等因素，未完成30分钟有氧运动任务，中止实验。剩余有效被试71名，其中男44名，女27名，年龄18～24岁。最终，被试按高强度组17名、中等强度组18名、低强度组18名和对照组18名分配，每个人完成实验后可获得30元劳务费。

3. 仪器与材料

被试需要完成急性有氧运动和冷压疼痛两项任务，相应的仪器设备和实验材料概述如下：

（1）急性有氧运动任务所需的设备同实验1。

（2）冷压疼痛测试设备。实验开始的前一天，用冰箱储存大量冰块以及3℃冰水。冷压疼痛测试时，用双层塑料盆（有一个筛层）盛放冰水混合物，外层规格为29cm×27cm×9cm，内层规格为21cm×19cm×7cm。外层塑料盆中放置冰块，内层塑料盆中为冰水。测试时让被试的手放入内层，以避免被试的手接触到冰。由于实验装置不是恒温装置，水温难以保持不变，故采用温度计监控冰水的温度，温度范围为3℃～5℃。此外，还有一装置为小白熊牌恒温水壶，可将温水调制为32℃，偏差为±1℃。

4. 实验方案

（1）急性有氧运动方案同实验1。

（2）冷压疼痛测试。

实验之前要求被试将非利手放入约32℃的恒温水中1分钟，以熟悉水温环境。正式冷压疼痛测试要求被试将非利手放入冰水中，并尽可能长时间坚持。被试在冰水中坚持的时间越长，表明疼痛自我控制水平越高（Oosterman et al. , 2010）。指导语如下：

请您把非利手放入水中，尽可能长时间坚持。随着实验时间的延长，您会体验到逐渐增加的疼痛感，但这不会对您的身体造成直接伤害。如果您觉得无法继续忍耐时，请报告"我放弃"，然后把手从水里拿出来。

主试在旁边用秒表记录被试的忍耐时间。为了避免对被试的身体造成伤害，若被试忍耐时间超过了3分钟，主试则要求其把手拿出水面，这种情况下忍耐时间计为3分钟。

5. 无关变量和运动操作检查

无关变量和运动操作检查及数据收集方法同实验1。具体包括人口变量、运动心率、IPAQ（Bauman et al. , 2009）、特质自我控制量表（谭树华、郭永玉，2008）、主观用力感（Borg，1982）和 BMIS（孙拥军，2008）。

6. 实验流程

本实验的流程包括9个步骤，除了步骤四和步骤八要求被试完成冷压疼痛测试之外，其他流程同实验1（如图3-2所示）。

7. 统计分析

采用 Excel 2010 录入和整理相关数据，最后采用 SPSS 23.0 进行方差和相关分析。

具体方差分析包括如下 2 个步骤：第一，采用两因素混合设计方差分析检验运动强度与测试次序之间的交互作用和简单效应，以判别在不同运动强度条件下，冷压疼痛任务的前测与后测成绩是否存在差异；第二，以忍耐时间前后测的成绩差值为因变量，采用单因素方差分析检验运动强度的主效应，以判别不同运动强度条件下，冷压疼痛任务成绩的变化值是否有差异。方差分析结果除了报告 p 值之外，还报告效果量（偏 η^2）以及效果量大小。

（三）研究结果

1. 无关变量监控

表 3 - 6 呈现了不同运动强度条件的无关变量的描述统计。以运动强度为自变量，被试的人口变量、身体活动水平和特质自我控制为因变量，分别进行单因素方差分析。结果显示：不同运动强度在被试的年龄、身高、体重、BMI、身体活动水平和特质自我控制等 6 个指标上均无显著性差异，p's > 0.05。说明本实验所采用的随机分配法能较好地平衡被试无关变量的差异性。

2. 运动操作检查

运动操作检查的描述统计结果如表 3 - 6 所示。以运动强度为自变量，以运动前心率、运动中心率、运动后心率、主观用力感和情绪状态为因变量，分别进行单因素方差分析。结果显示：①在运动前心率的指标上，运动强度的主效应不显著，$F(3, 67) = 0.810$，$p = 0.493$，偏 $\eta^2 = 0.035$，属于小效果量。②在运动中心率的指标上，运动强度的主效应显著，$F(3, 67) = 472.790$，$p < 0.001$，偏 $\eta^2 = 0.955$，属于大效果量，心率从高往低依次为高强度、中等强度、低强度和对照组。事后多重均数比较发现，这些组两两之间均存有差异，p's < 0.001。③在运动后心率的指标上，运动强度的主效应显著，$F(3, 67) = 28.564$，$p < 0.001$，偏 $\eta^2 = 0.561$，属于大效果量。心率从高往低依次为高强度、中等强度、低强度和对照组。事

后多重均数比较发现，高强度与低强度、高强度与对照组、中等强度与对照组、低强度与对照组之间存有差异，$p's < 0.05$。④在主观用力感的指标上，运动强度的主效应显著，$F(3, 67) = 90.632$，$p < 0.001$，偏 $\eta^2 = 0.802$，属于大效果量。主观用力感从高往低依次为高强度、中等强度、低强度和对照组。事后多重均数比较发现，这 4 组中两两之间均存有显著性差异，$p's < 0.001$。⑤在情绪状态的指标上，运动强度的主效应显著，$F(3, 67) = 5.843$，$p = 0.001$，偏 $\eta^2 = 0.207$，属于大效果量。情绪状态从低往高依次为高强度、对照组、中等强度和低强度。事后多重均数比较发现，高强度与中等强度、高强度与低强度之间存有差异，$p's < 0.05$。这些结果提示，本实验的有氧运动方案是有效的，能够区分出高强度、中等强度和低强度 3 个水平。

表 3 - 6 不同运动强度的无关变量及运动操作检查的描述统计 ($M \pm SD$)

变量		对照组	低强度	中等强度	高强度
样本量		18	18	18	17
性别（女）		7	9	4	7
年龄/岁		20.67 ± 1.64	20.72 ± 1.36	19.83 ± 0.92	20.29 ± 1.26
身高/cm		170.94 ± 9.34	169.11 ± 11.25	170.72 ± 7.27	169.00 ± 7.22
体重/kg		62.14 ± 9.18	60.71 ± 11.74	62.83 ± 8.45	61.59 ± 7.48
BMI/（kg·m^{-2}）		21.16 ± 1.51	21.03 ± 1.88	21.47 ± 1.78	21.51 ± 1.57
身体活动水平/（METs/w）		2 332.22 ± 1 185.47	2 315.83 ± 1 015.02	2 243.61 ± 535.30	2 274.35 ± 638.18
特质自我控制		3.24 ± 0.49	3.19 ± 0.43	3.19 ± 0.31	3.11 ± 0.44
运动操作检查	运动前心率	71.11 ± 10.90	76.22 ± 13.32	72.39 ± 10.61	71.18 ± 9.98
	运动中心率	71.60 ± 11.06	134.75 ± 7.06	146.54 ± 5.43	156.20 ± 3.89
	运动后心率	72.06 ± 10.94	93.50 ± 12.78	98.83 ± 11.58	106.35 ± 10.97
	主观用力感（RPE）	7.22 ± 1.06	10.94 ± 1.92	14.06 ± 1.73	16.06 ± 1.95
	情绪状态	3.60 ± 0.48	3.90 ± 0.33	3.81 ± 0.37	3.29 ± 0.63

3. 冷压疼痛忍耐时间

表 3 - 7 呈现了不同运动强度的冷压疼痛忍耐时间及前后测差值的描述统计结果。

表 3 - 7　不同运动强度的冷压疼痛忍耐时间及前后测差值的描述统计 ($M \pm SD$)

测量时间	对照组 ($n = 18$)	低强度 ($n = 18$)	中等强度 ($n = 18$)	高强度 ($n = 17$)
前测忍耐时间	72.19 ± 45.21	73.85 ± 37.61	79.47 ± 32.79	77.72 ± 32.00
后测忍耐时间	80.49 ± 42.59	89.84 ± 37.74	96.00 ± 33.95	99.63 ± 31.86
前后测差值	8.30 ± 7.43	15.99 ± 11.05	16.53 ± 9.98	21.91 ± 15.30

本实验采用 4（运动强度：高强度、中等强度、低强度、对照组）×2（测试次序：前测、后测）重复测量方差分析。结果显示：运动强度主效应不显著，属于小效果量；测试次序主效应显著，属于大效果量；运动强度与测试次序的交互作用显著，属于大效果量。方差分析结果及相关数据如表 3 - 8 所示。

表 3 - 8　运动强度和测试次序对冷压疼痛忍耐时间影响的方差分析结果

变异来源	SS	df	MS	F	偏 η^2	p
运动强度（组间）	3 499.660	3	1 166.553	0.434	0.019	0.729
误差（运动强度）	180 107.469	67	2 688.171			
测试次序（组内）	8 729.125	1	8 729.125	138.301	0.674	0.000
运动强度×测试次序	826.985	3	275.662	4.367	0.164	0.007
误差（测试次序）	4 228.821	67	63.117			

交互作用显著，故进行简单效应检验，结果显示：①高强度运动条件下，测试次序的简单效应显著，$F(1, 67) = 64.656$，$p < 0.001$，偏 $\eta^2 = 0.491$，属于大效果量，后测忍耐时间长于前测忍耐时间；②中等强度运

动条件下，测试次序的简单效应显著，$F(1, 67) = 38.981$，$p < 0.001$，偏 $\eta^2 = 0.368$，属于大效果量，后测忍耐时间长于前测忍耐时间；③低强度运动条件下，测试次序的简单效应显著，$F(1, 67) = 36.478$，$p < 0.001$，偏 $\eta^2 = 0.353$，属于大效果量，后测忍耐时间长于前测忍耐时间；④对照组中，测试次序的简单效应显著，$F(1, 67) = 9.831$，$p = 0.003$，偏 $\eta^2 = 0.128$，属于中效果量，后测忍耐时间长于前测忍耐时间。综上结果可知，所有实验条件下（包括对照组），后测的冷压疼痛忍耐时间均长于前测的忍耐时间，表明被试经过运动干预或休息后能更长时间地忍耐冷压疼痛感，即提升了疼痛自我控制。交互作用结果如图 3 - 5 所示。

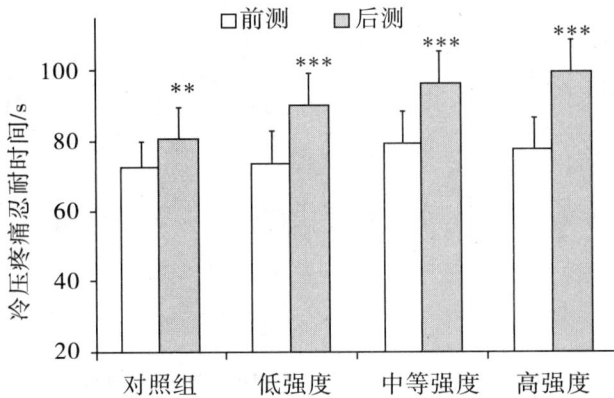

图 3 - 5　运动强度与测试次序交互作用图解

注：星号表示在同一种运动强度下，前测与后测之间存有显著性差异。其中，＊＊＊表示 $p < 0.001$，＊＊表示 $p < 0.01$，＊表示 $p < 0.05$，※表示 $p < 0.1$。

为进一步明确各组的疼痛自我控制增量之间的差异，以运动强度为自变量，冷压疼痛忍耐前后测差值（差值 = 后测忍耐时间 - 前测忍耐时间）为因变量，进行单因素方差分析。结果显示：运动强度主效应显著，$F(3, 67) = 4.367$，$p = 0.007$，偏 $\eta^2 = 0.164$，属于大效果量。事后多重均数比较结果显示，高强度与对照组、中等强度与对照组、低强度与对照组之间存有显著性差异，$p's < 0.05$；高强度与低强度之间存有边缘性差异，$p = 0.10$；其他两两各组之间无显著性差异（如图3-6所示）。这提示在不同运动强度下被试的冷压疼痛忍耐时间增量要显著多于对照组，且随着运动强度的增加，冷压疼痛忍耐时间的增量有增加趋势。

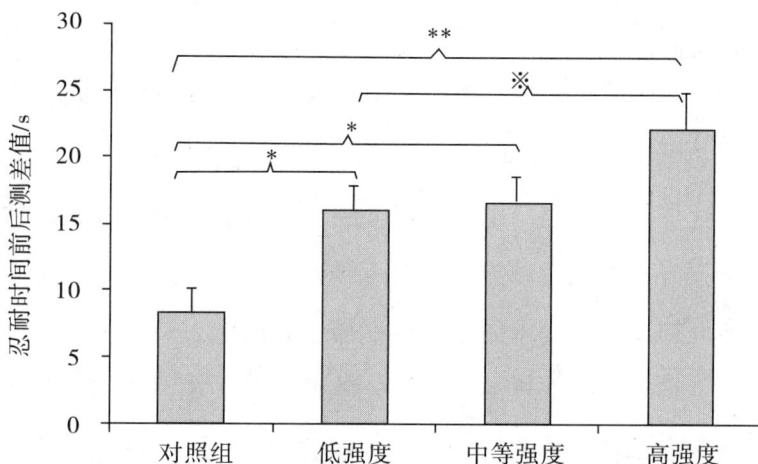

图3-6 不同运动强度下的疼痛忍耐时间前后测差值

注：星号表示在同一种运动强度下，前测与后测之间存有显著性差异。其中，＊＊＊表示 $p < 0.001$，＊＊表示 $p < 0.01$，＊表示 $p < 0.05$，※表示 $p < 0.1$。

4. 情绪状态与冷压疼痛忍耐时间的相关

由运动操作检查可知（如表3-6所示），高强度运动条件下个体积极情绪显著低于中等强度和低强度组，这意味着随着运动强度增加，被试积极情绪水平会下降。那么这种由运动所诱发的情绪状态与冷压疼痛忍耐时间是否相关呢？本实验在高强度、中等强度和低强度的有氧运动状态下，对积极情绪水平与冷压疼痛忍耐时间之间的关系进行 Pearson 相关分析。结果显示：情绪状态与后测忍耐时间无显著性相关，$r = -0.061$，$p = 0.663$；情绪状态与前后测忍耐时间的差值无显著性相关，$r = 0.059$，$p = 0.675$。说明由运动所诱发的情绪状态与提升疼痛自我控制无相关。

（四）讨论

实验2采用冷压疼痛忍耐任务来探测疼痛自我控制，考察了运动强度对疼痛自我控制影响的剂量效应。研究结果显示，所有实验条件下的被试受到急性有氧运动干预后，均提升了疼痛自我控制。这一研究结果仅部分支持了研究假设，具体表现为：①低强度急性有氧运动提升了疼痛自我控制，不支持研究假设1；②中等强度急性有氧运动提升了疼痛自我控制，支持研究假设2；③高强度急性有氧运动提升了疼痛自我控制，不支持研究假设3。应指出的是，对照组中的被试经过休息后，亦显著提升了疼痛自我控制。这提示，在高、中和低强度的急性有氧运动条件下，被试疼痛自我控制的提升不能完全归因于运动干预，可能受到以下因素影响：①熟悉效应。所有被试之前都未做过冷压疼痛任务测试。被试经过前测的疼痛忍耐任务后，疼痛耐受性可能会增加，致使其在后测（间隔30min）的冷压疼痛任务中表现出更持久的耐力。②社会期许效应。被试在执行冷压疼痛忍耐任务时，有主试在旁边用秒表计时，这可能会产生社会期许效应，导致被试在后测的疼痛忍耐任务中比前测时表现出更好的成绩。此外，被试的疼痛耐受性还可能会受到冷压疼痛诱发情绪的影响（详细内容见后续讨论部分）。

进一步分析冷压疼痛忍耐时间的增量，结果显示：不同运动强度下被试的疼痛忍耐时间增量要显著多于对照组，且随着运动强度的增加，冷压疼痛忍耐时间的增量有增加的趋势。这提示，在急性有氧运动条件下，被试疼痛自我控制的增量得到提升，这种增量表现出运动强度的剂量效应，是逐渐提升趋势，而不是倒U形关系。可见，本实验结果不支持倒U形理论（McMorris & Graydon，2000）和自我控制的力量模型（Baumeister et al.，2007）。

此外，相关分析结果显示，由运动强度所诱发的不同情绪状态与提升疼痛自我控制无显著性相关，不支持研究假设4。这一结果与实验1结果一致，即由运动强度所诱发的不同情绪状态与自我控制的改变无关联。

总之，实验 2 揭示了不同运动强度均可提升疼痛自我控制，随着运动强度的增加，疼痛自我控制的增量有增加的趋势，且这种增量效应与由运动所诱发的情绪状态无关。那么运动强度对行为自我控制会产生什么影响？为了回答此问题，我们设计了实验 3。

三、实验 3：急性有氧运动的强度对行为自我控制的影响

（一）研究目的

本实验拟采用握手柄任务测量行为自我控制，并设置不同强度的急性有氧运动方案，来探讨急性有氧运动的强度对行为自我控制影响的剂量效应。与实验 1 相似，依据倒 U 形理论（McMorris & Graydon，2000）、自我控制的力量模型（Baumeister et al.，2007）以及由运动诱发的积极情绪（Byun et al.，2014；Reed & Buck，2009）等相关研究成果，本实验提出如下 4 个研究假设：

假设 1：低强度急性有氧运动不会影响行为自我控制；

假设 2：中等强度急性有氧运动会提升行为自我控制；

假设 3：高强度急性有氧运动会损害行为自我控制；

假设 4：有氧运动所诱发的积极情绪与行为自我控制提升之间存有相关。

（二）研究方法

1. 研究设计

采用 4（运动强度：高强度、中等强度、低强度、对照组）×2（测试次序：前测、后测）两因素混合设计。其中运动强度为组间变量，测试次序为组内变量。握手柄的耐力时间为因变量。

2. 研究对象

研究对象为普通大学的本科生，入选标准同实验 1。最终招募到符合

入选标准的 72 名本科生自愿参加实验，采用抽签方式将被试分配到高强度、中等强度、低强度和对照组。所有被试均完成了实验，未发生流失。有效被试 72 名，其中男 51 名，女 21 名，年龄 18 ~ 24 岁。高强度、中等强度、低强度和对照组各分配 18 名。每个人完成实验后可获得小礼品和相应的科研学分。

3. 仪器与材料

被试需要完成急性有氧运动和握手柄两项任务，相应的仪器设备和实验材料概述如下：

（1）急性有氧运动任务所需的设备同实验 1。

（2）握手柄任务的设备。握手柄任务采用 SAEHAN 牌 DHD－3 型数码握力计（产地：韩国）来实现。在实验过程中，用 G-STAR™（Grip Strength Testing and Research Software）软件来收集数据。该软件最大的优点是，能在电脑屏幕上实时呈现被试的测试时间曲线图和相应的力量数值（如图 3－7 所示）。被试的耐力时间越长，说明其行为自我控制水平越高。

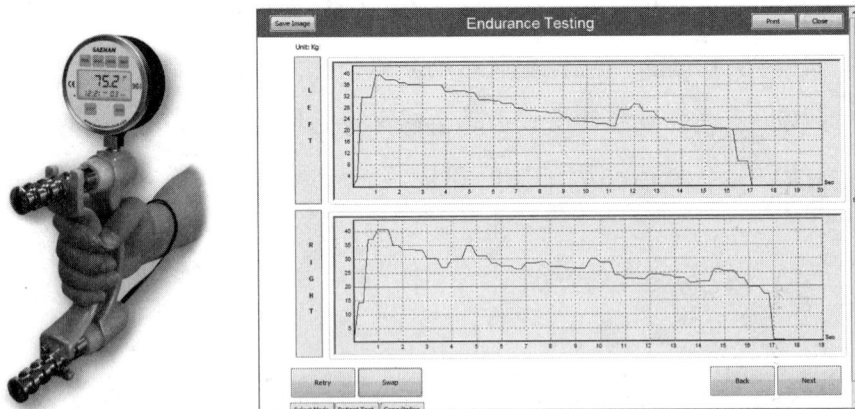

图 3－7　DHD－3 型数码握力计（左图）及 G-STAR™软件实时呈现的耐力情况（右图）

4. 实验方案

（1）急性有氧运动方案同实验 1。

（2）握手柄任务测试。

握手柄任务的程序包括两个步骤。步骤一是最大握力测试：被试保持站立姿势，用惯用手进行最大握力测试 2 次，选取最大值作为最大握力值。步骤二是耐力测试：间隔 3 分钟后，以 50% 的最大握力值作为耐力测试的基线值，要求被试将握力值（蓝色曲线）控制在基线值（红色直线）以上，并尽可能长时间地坚持。为避免社会期许效应，被试在执行握手柄任务时，主试会在旁边不断鼓励，使其尽可能长时间地坚持，不要轻易放弃。指导语如下：

首先，请用您的惯用手进行最大握力测试 2 次。最大握力测试时，您先深吸一口气，使出全部力量握紧这个手柄，然后松开，您就可以在电脑屏幕上看到最大握力值。在 2 次最大握力测试之后，接着进行耐力测试。您需用最大握力的 50% 以上的力量，尽可能长时间地坚持。也就是要让电脑屏幕上的蓝色曲线处在红色基线值以上，并尽可能长时间地维持，如果蓝色曲线掉到红色基线值以下，实验结束。

5. 无关变量和运动操作检查

与实验 1 相同的无关变量和运动操作检查包括：人口变量、运动心率、IPAQ（Bauman et al.，2009）、特质自我控制量表（谭树华、郭永玉，2008）、主观用力感（Borg，1982）和 BMIS（孙拥军，2008）。除上述无关变量之外，还增加了最大握力指标。

6. 实验流程

本实验流程包括 9 个步骤，除了步骤四和步骤八要求被试完成握手柄测试之外，其他流程同实验 1（如图 3 - 2 所示）。

7. 统计分析

采用 Excel 2010 录入和整理相关数据，最后采用 SPSS 23.0 进行方差和相关分析。

具体方差分析包括如下 2 个步骤：第一，采用两因素混合设计方差分析检验运动强度与测试次序之间的交互作用和简单效应，以判别在不同运动强度条件下，握手柄任务的前测与后测成绩是否存在差异；第二，以握手柄任务前后测的成绩差值为因变量，采用单因素方差分析检验运动强度的主效应，以判别不同运动强度条件下，握手柄任务前后测的成绩变化值是否有差异。方差分析结果除了报告 p 值之外，还报告效果量（偏 η^2）以及效果量大小。

（三）研究结果

1. 无关变量监控

表 3-9 呈现了不同运动强度条件的无关变量的描述统计。以运动强度为自变量，被试的人口变量、身体活动水平和特质自我控制为因变量，分别进行单因素方差分析。结果显示：不同运动强度在被试的年龄、身高、体重、BMI、身体活动水平和特质自我控制等 6 个指标上均无显著性差异，$p's > 0.05$。说明本实验所采用的随机分配法能较好地平衡被试无关变量的差异性。

2. 运动操作检查

运动操作检查的描述统计结果如表 3-9 所示。以运动强度为自变量，以运动前心率、运动中心率、运动后心率、主观用力感和情绪状态为因变量，分别进行单因素方差分析。结果显示：①在运动前心率的指标上，运动强度的主效应不显著，$F(3, 68) = 0.714$，$p = 0.547$，偏 $\eta^2 = 0.031$，属于小效果量。②在运动中心率的指标上，运动强度的主效应显著，$F(3, 68) = 705.965$，$p < 0.001$，偏 $\eta^2 = 0.969$，属于大效果量，心率从高往低依次为高强度、中等强度、低强度和对照组。事后多重均数比较发现，这些组两两之间均存有差异，$p's < 0.001$。③在运动后心率的指标上，运动强度的主效应显著，$F(3, 68) = 41.932$，$p < 0.001$，偏 $\eta^2 = 0.649$，属于大效果量。心率从高往低依次为高强度、中等强度、低强度和对照

组。事后多重均数比较发现，高强度与中等强度、高强度与低强度、高强度与对照组、中等强度与对照组、低强度与对照组之间存有差异，$p's < 0.05$。④在主观用力感的指标上，运动强度的主效应显著，$F(3, 68) = 103.079$，$p < 0.001$，偏 $\eta^2 = 0.820$，属于大效果量。主观用力感从高往低依次为高强度、中等强度、低强度和对照组。事后多重均数比较发现，这 4 组中两两之间均存有显著性差异，$p's < 0.01$。⑤在情绪状态的指标上，运动强度的主效应显著，$F(3, 68) = 5.054$，$p = 0.003$，偏 $\eta^2 = 0.182$，属于大效果量。情绪状态从低往高依次为高强度、对照组、中等强度和低强度。事后多重均数比较发现，高强度与中等强度、高强度与低强度、低强度与对照组之间存有差异，$p's < 0.05$。这些结果提示，本实验的有氧运动方案是有效的，能够区分出高强度、中等强度和低强度 3 个水平。

表 3 - 9　不同运动强度的无关变量及运动操作检查的描述统计 （$M \pm SD$）

变量		对照组	低强度	中强度	高强度
样本量		18	18	18	18
性别（女）		4	5	7	5
年龄/岁		20.72 ± 1.67	20.78 ± 1.31	20.00 ± 0.91	20.22 ± 1.31
身高/cm		172.06 ± 8.70	169.72 ± 10.51	171.50 ± 6.71	171.17 ± 5.99
体重/kg		62.40 ± 9.40	61.56 ± 11.25	63.59 ± 8.89	63.42 ± 6.64
BMI/（kg·m^{-2}）		20.96 ± 1.64	21.19 ± 1.81	21.54 ± 2.08	21.61 ± 1.55
身体活动水平/（METs/w）		2 201.92 ± 916.92	1 996.17 ± 705.05	2 224.92 ± 610.68	2 313.81 ± 764.03
特质自我控制		3.20 ± 0.49	3.23 ± 0.41	3.16 ± 0.39	3.01 ± 0.39
运动操作检查	运动前心率	67.83 ± 8.41	70.14 ± 8.70	67.92 ± 11.72	72.73 ± 16.02
	运动中心率	66.88 ± 8.87	131.37 ± 4.18	144.13 ± 6.40	157.78 ± 5.31
	运动后心率	68.27 ± 8.37	88.58 ± 8.75	89.97 ± 11.24	106.75 ± 12.38
	主观用力感（RPE）	6.94 ± 1.11	10.78 ± 1.90	14.11 ± 1.71	16.11 ± 1.88
	情绪状态	3.63 ± 0.48	3.97 ± 0.36	3.86 ± 0.41	3.43 ± 0.55

3. 最大握力值

表3-10呈现了不同运动强度的最大握力值及前后测差值的描述统计结果。采用4（运动强度：高强度、中等强度、低强度、对照组）×2（测试次序：前测、后测）重复测量方差分析。结果显示：运动强度主效应不显著，$F_{(3, 68)} = 0.989$，$p = 0.403$，偏 $\eta^2 = 0.042$，属于小效果量；测试次序主效应不显著，$F_{(1, 68)} = 0.203$，$p = 0.654$，偏 $\eta^2 = 0.003$，属于小效果量；运动强度与测试次序的交互作用不显著，$F_{(3, 68)} = 2.106$，$p = 0.108$，偏 $\eta^2 = 0.085$，属于中效果量。

表3-10 不同运动强度的最大握力值及前后测差值的描述统计 ($M \pm SD$)

测量时间	对照组 ($n = 18$)	低强度 ($n = 18$)	中等强度 ($n = 18$)	高强度 ($n = 18$)
前测最大握力值	34.31 ± 6.03	36.69 ± 9.34	40.51 ± 7.17	35.24 ± 10.74
后测最大握力值	34.68 ± 5.56	38.29 ± 10.41	38.14 ± 12.52	36.79 ± 9.70
前后测差值	0.38 ± 2.54	1.60 ± 4.46	− 2.37 ± 8.62	1.55 ± 4.20

为进一步分析不同运动强度是否对最大握力值产生影响，以运动强度为自变量，最大握力前后测差值（差值 = 后测最大握力值 − 前测最大握力值）为因变量，进行单因素方差分析。结果显示，运动强度主效应不显著，$F_{(3, 68)} = 2.106$，$p = 0.108$，偏 $\eta^2 = 0.085$，属于中效果量。

综上可知，运动强度对被试的最大握力值不产生影响，这意味着经过急性有氧运动后，个体完成握力任务时的最大握力值未发生改变。

4. 耐力时间

表3-11呈现了不同运动强度的握手柄任务中耐力时间及前后测差值的描述统计结果。

表 3 - 11　不同运动强度的握手柄任务中耐力时间及前后测差值的描述统计（$M \pm SD$）

测量时间	对照组 （$n = 18$）	低强度 （$n = 18$）	中等强度 （$n = 18$）	高强度 （$n = 18$）
前测耐力时间	36.84 ± 20.06	39.41 ± 21.08	35.30 ± 8.59	35.79 ± 12.66
后测耐力时间	37.51 ± 21.67	47.21 ± 18.24	42.69 ± 9.15	36.01 ± 17.66
前后测差值	0.66 ± 6.08	7.80 ± 14.30	7.39 ± 7.15	2.22 ± 8.81

　　本实验采用 4（运动强度：高强度、中等强度、低强度、对照组）×2（测试次序：前测、后测）重复测量方差分析。结果显示：运动强度主效应不显著，$F(3, 68) = 0.603$，$p = 0.615$，偏 $\eta^2 = 0.026$，属于小效果量；测试次序主效应显著，$F(1, 68) = 15.876$，$p < 0.001$，偏 $\eta^2 = 0.189$，属于大效果量；运动强度与测试次序的交互作用边缘显著，$F(3, 68) = 2.542$，$p = 0.063$，偏 $\eta^2 = 0.101$，属于中效果量。方差分析结果及相关数据如表 3 - 12 所示。

表 3 - 12　运动强度和测试次序对耐力时间影响的方差分析结果

变异来源	SS	df	MS	F	偏 η^2	p
运动强度（组间）	946.864	3	315.621	0.603	0.026	0.615
误差（运动强度）	35 584.808	68	523.306			
测试次序（组内）	734.862	1	734.862	15.876	0.189	0.000
运动强度×测试次序	352.955	3	117.652	2.542	0.101	0.063
误差（测试次序）	3 147.519	68	46.287			

　　交互作用边缘显著，故进行简单效应检验，结果显示：①高强度运动条件下，测试次序的简单效应不显著，属于小效果量；②中等强度运动条件下，测试次序的简单效应显著，属于中效果量，后测的耐力时间长于前测的耐力时间；③低强度运动条件下，测试次序的简单效应显著，属于大效果量，后测的耐力时间长于前测的耐力时间；④对照组中，测试次序的简单效应不显著，属于小效果量。综上结果可知，高强度运动条件下，后

测的耐力时间与前测的耐力时间无显著性差异，表明经过高强度运动干预后，被试的行为自我控制未受到影响，即高强度急性有氧运动不会影响行为自我控制；中、低强度运动条件下，后测的耐力时间长于前测的耐力时间，表明经过中、低强度运动干预后，被试的行为自我控制提升，即中、低强度急性有氧运动会提升行为自我控制。交互作用结果如图 3 - 8 所示。

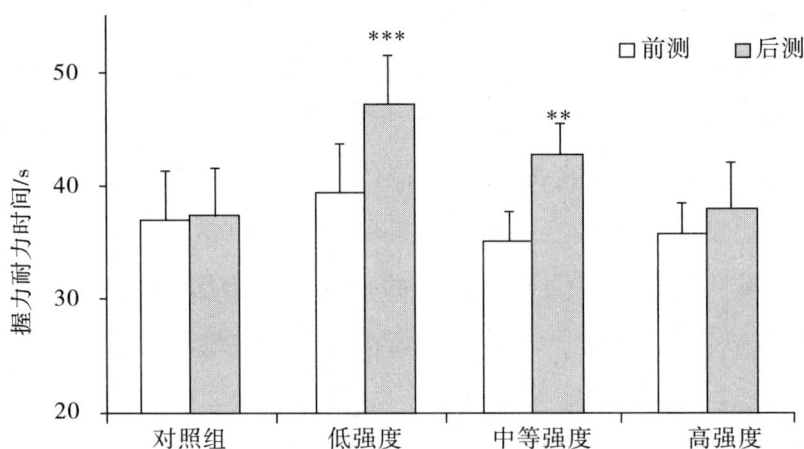

图 3 - 8　运动强度与测试次序交互作用图解

注：星号表示在同一种运动强度下，前测与后测之间存有显著性差异。其中，＊＊＊表示 $p < 0.001$，＊＊表示 $p < 0.01$，＊表示 $p < 0.05$，※表示 $p < 0.1$。

为进一步明确各组的前后测耐力时间变化值之间的差异，以运动强度为自变量，前后测耐力差值（差值 = 后测耐力时间 - 前测耐力时间）为因变量，进行单因素方差分析。结果显示：运动强度主效应边缘显著，$F(3，68) = 2.542$，$p = 0.063$，偏 $\eta^2 = 0.101$，属于中效果量。事后多重均数比较结果显示，中等强度与对照组、低强度与对照组之间存有显著性差异，$p's < 0.05$，高强度与低强度之间存有边缘显著性差异，$p = 0.086$。其他两两各组之间无显著性差异（如图 3 - 9 所示）。这提示与对照组相比，中、低强度急性有氧运动可显著提升行为自我控制，而高强度急性有氧运动不会影响行为自我控制，同时，低强度条件下行为自我控制增量边缘高于高强度条件下的增量。

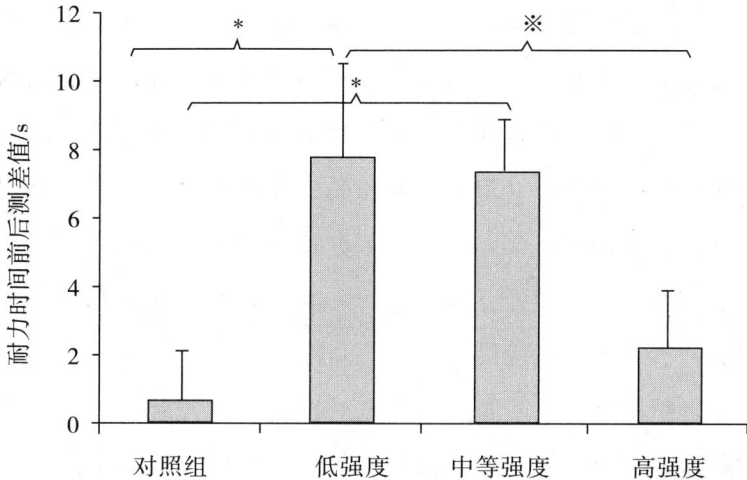

图 3 - 9　不同运动强度下的耐力时间前后测差值

注：星号表示在同一种运动强度下，前测与后测之间存有显著性差异。其中，＊＊＊
表示 $p < 0.001$，＊＊表示 $p < 0.01$，＊表示 $p < 0.05$，※表示 $p < 0.1$。

5. 情绪状态与握手柄耐力时间的相关

由运动操作检查可知（如表 3 - 9 所示），高强度条件下个体积极情绪
显著低于中等强度和低强度组，这意味着随着运动强度增加，被试积极情
绪水平会下降。那么这种由运动所诱发的情绪状态与握手柄耐力时间是否
相关呢？本实验在高强度、中等强度和低强度的有氧运动状态下，对积极
情绪水平与耐力时间之间的关系进行 Pearson 相关分析。结果显示：情绪
状态与后测耐力时间无显著性相关，$r = 0.108$，$p = 0.437$；情绪状态与前
后测耐力时间的差值无显著性相关，$r = 0.139$，$p = 0.318$。说明由运动所
诱发的情绪状态与提升行为自我控制无相关。

（四）讨论

实验 3 采用握手柄任务作为行为自我控制的指标，考察了运动强度对
行为自我控制影响的剂量效应。研究结果显示，运动强度对握手柄的握力
最大值没有影响，但对握手柄的坚持时间产生影响，具体表现为：①低强

度急性有氧运动提升了行为自我控制，不支持研究假设 1；②中等强度急性有氧运动提升了行为自我控制，支持研究假设 2；③高强度急性有氧运动不影响行为自我控制，不支持研究假设 3。可见，运动强度对行为自我控制影响存在剂量效应，其分界点为高和中等强度运动，支持了倒 U 形理论（McMorris & Graydon，2000），但在高强度运动条件下，未出现自我控制的力量模型（Baumeister et al.，2007）预测的损耗效应。此外，相关分析结果显示，由不同运动强度所诱发的不同情绪状态与提升行为自我控制之间无相关，不支持研究假设 4。

总之，实验 3 揭示了不同运动强度对行为自我控制的影响存在剂量效应，其中高强度运动不会影响行为自我控制，而中、低强度运动会提升行为自我控制。整体而言，随着运动强度增加，行为自我控制有下降趋势，且这种剂量效应与由运动所诱发的情绪状态无关。

概括而言，研究一采用序列范式，通过三个平行实验，系统考察了急性有氧运动对认知、疼痛和行为三类自我控制的影响，揭示了不同运动强度对不同类型自我控制产生的不同影响。这种差异性影响具体表现为：中、低强度急性有氧运动有助于提升三种类型的自我控制；高强度急性有氧运动会损害认知自我控制（实验 1），提升疼痛自我控制（实验 2），但不影响行为自我控制（实验 3）。这提示序列范式下急性有氧运动对自我控制的影响存在剂量效应。这一结果拓展和丰富了我们对"急性有氧运动与抑制控制之关系"的认识。然而，以往的认知 - 能量模型（Audiffren，2009；Hockey，1997；Sanders，1983）、倒 U 形理论（McMorris & Graydon，2000）和自我控制的力量模型（Baumeister et al.，2007）均不能完整地解释上述结果，因此，我们在整合目前相关理论观点基础上，提出自我控制能量恢复观点（详细内容见后续讨论部分）。

第二节　研究二：并行范式下急性有氧运动对自我控制的影响

研究一采用的是序列范式，通过三个实验，考察了急性有氧运动对认知、疼痛和行为三种类型自我控制的影响，揭示了不同运动强度对不同类型自我控制影响的剂量效应。那么，在并行范式下，急性有氧运动对自我控制的影响是否也存在类似的剂量效应？其作用机制又是什么？

不少研究者已直接或间接地对此问题进行了探讨，获得与序列范式下不一致的研究结果，并提出了认知 - 能量模型（Audiffren，2009；Hockey，1997；Sanders，1983）和 RAH 模型（Dietrich，2003；Dietrich & Audiffren，2011）。其中 RAH 模型认为，人类大脑的代谢能量有限，为了维持持续运动状态，与运动相关的脑区需消耗大脑的代谢能量；同时随着运动强度和时间不断增加，被试前额叶脑区无足够能量来完成认知任务，导致认知成绩下降。然而研究者在验证 RAH 模型时，却获得不一致的研究成果。有些研究发现急性有氧运动对执行功能起到消极作用（Del Giorno et al.，2010），而另一些研究却发现产生了积极作用（Davranche et al.，2014；Lucas et al.，2012）。可见，RAH 模型并不能完全解释并行范式下，急性有氧运动对自我控制影响的作用机制。鉴于此，我们拟结合自我控制的力量模型（Baumeister et al.，2007）观点，认为只有付出意志努力的运动方案，比如高强度、长时间的急性有氧运动才会损害自我控制；而低强度、短时间的急性有氧运动由于诱发一系列的生理反应，可能会提升自我控制。

应指出的是，以往研究者在验证 RAH 模型时，多数研究仅设计一种强度的运动方案，比如高强度运动方案（Labelle et al.，2013、2014），较少设计不同强度的运动方案来考察急性有氧运动对认知自我控制的影响。显然，这样的研究设计无法系统考察急性有氧运动对认知自我控制影响的剂量效应。鉴于此，我们在急性有氧运动方案中采用高、中、低三种运动强度，同时增加运动时间这一变量，以更全面地考察运动强度和运动时间对自我控制的影响。

由于抑制控制是成功自我控制的核心（Diamond，2013；Inzlicht et al.，2014），故研究二采用 Stroop 任务的干扰效应来测量抑制控制（即自我控制）。此外，由于并行范式设计的特殊性，被试在运动过程中难以同时执行冷压疼痛忍耐任务（疼痛自我控制）和握手柄任务（行为自我控制），因此，与研究一全面考察认知、疼痛和行为自我控制不同，研究二仅设计了实验4，探讨并行范式下，急性有氧运动对认知自我控制的影响。

实验4：并行范式下急性有氧运动对认知自我控制的影响

（一）研究目的

采用 Stroop 任务来测量认知自我控制，并设置不同强度（高强度、中等强度、低强度、对照组）的急性有氧运动方案，来探讨急性有氧运动的强度和运动时间对认知自我控制影响的剂量效应。依据倒 U 形理论（Mc-Morris & Graydon，2000）、自我控制的力量模型（Baumeister et al.，2007）以及 RAH 模型（Dietrich，2003；Dietrich & Audiffren，2011），本实验提出如下 5 个研究假设：

假设 1：运动强度会影响认知自我控制，随着运动强度增加，认知自我控制会下降；

假设 2：运动时间会影响认知自我控制，随着运动时间延长，认知自我控制会下降；

假设 3：低强度运动条件下，随着运动时间延长，认知自我控制不改变；

假设 4：中等强度运动条件下，随着运动时间延长，认知自我控制会提升；

假设5：高强度运动条件下，随着运动时间延长，认知自我控制会下降。

需说明的是，本实验不探讨情绪状态与自我控制之关系，其原因有二：①研究一中的3个实验结果均显示，情绪状态与自我控制之间不相关，故本实验不再进一步验证情绪状态与自我控制之关系；②被试在运动过程中，有两个时间段需完成认知自我控制任务，故难以用量表法来测评被试在这两个时间段的情绪状态。

（二）研究方法

1. 研究设计

采用4（运动强度：高强度、中等强度、低强度、对照组）×3（运动时间：block 0 为基线；block 1 为运动中第5min；block 2 为运动中第15min）×2（Stroop 条件：一致、不一致）三因素混合设计。其中运动强度为组间变量，运动时间和 Stroop 条件为组内变量。Stroop 任务的反应时和错误率为因变量。

2. 研究对象

研究对象为普通大学的本科生，入选标准同实验1。最终招募到符合入选标准的80名本科生自愿参加实验，采用抽签方法将被试随机分配到高强度、中等强度、低强度和对照组。在实验过程中，对照组有1名被试未能理解 Stroop 任务的要求，致使其错误率很高，删除其数据，另有1名被试由于身体原因未能完成运动任务。剩余有效被试78名，其中男38名，女40名。最终被试按高强度组20名，中等强度组19名，低强度组20名，对照组19名分配，每个人完成实验后可获得小礼品和相应的科研学分。

3. 仪器与材料

被试需要完成急性有氧运动和 Stroop 两项任务，相应的仪器设备和实验材料概述如下：

（1）急性有氧运动任务所需的设备同实验1。

（2）Stroop 任务所需的电脑设备和 E-prime 2.0 软件同实验1。

4. 实验方案

（1）急性有氧运动方案同实验1。

（2）Stroop 任务。

Stroop 单个 trial 的流程如实验1中的图3-1所示。实验过程中，整个 Stroop 任务包括练习实验和正式实验两部分。①练习实验包括 24 个 trials，有正误的反馈信息。②正式实验包括 3 次测试，第 1 次测试（block 0）在运动干预之前；第 2 次测试（block 1）是在达到目标心率后的第 5~8min；第 3 次测试（block 2）是在达到目标心率后的第 15~18min。每次 block 设定为 3min，约 90 个 trials。正式实验无正误反馈信息。

本实验用支架将笔记本电脑架在 Ergoselect 100 功率自行车旁，被试可一边骑功率自行车，一边完成 Stroop 任务。运动干预流程如图3-10所示。

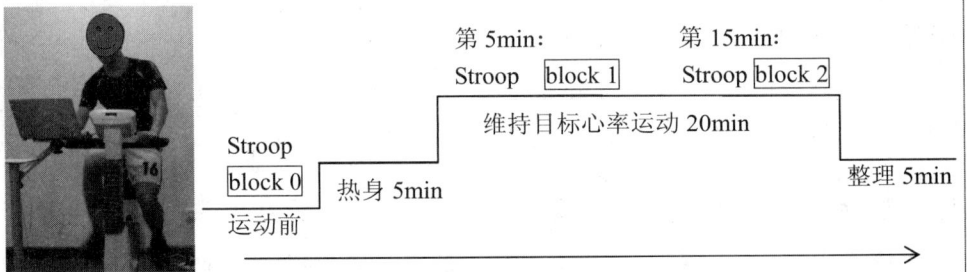

图3-10　实验4的运动干预流程

5. 无关变量和运动操作检查

除了不检查情绪状态之外，其他无关变量和运动操作检查与实验1相同。具体包括：人口变量、运动心率、IPAQ（Bauman et al., 2009）、特质自我控制量表（谭树华、郭永玉，2008）、主观用力感（Borg，1982）、BMIS（孙拥军，2008）。

6. 实验流程

本实验流程包括 7 个步骤，前 5 个步骤同实验 1（如图 3 - 2 所示）。步骤六要求被试同时完成急性有氧运动和 Stroop 两项任务，步骤七为测试运动后心率，发放礼物，结束实验。

7. 统计分析

采用 E-data 软件整理 Stroop 任务数据并导入 Excel 2010 中，其他数据信息采用 Excel 2010 录入和整理，最后采用 SPSS 23.0 进行方差分析。方差分析步骤以及统计指标报告同实验 1。

（三）研究结果

1. 无关变量监控

表 3 - 13 呈现了不同运动强度的无关变量的描述统计。以运动强度为自变量，被试的人口变量、身体活动水平和特质自我控制为因变量，分别进行单因素方差分析。结果显示：在体重指标上，运动强度的主效应显著，$F_{(3, 74)} = 2.765$，$p = 0.048$，偏 $\eta^2 = 0.101$，属于中效果量。事后多重均数比较发现，高强度与低强度之间存有显著性差异，$p = 0.007$，其他两两各组之间无显著性差异，$p's > 0.05$。在其他指标，如年龄、身高、BMI、身体活动水平和特质自我控制等 5 个指标上，运动强度的主效应不显著，$p's > 0.05$。

2. 运动操作检查

运动操作检查的描述统计结果如表 3 - 13 所示。以运动强度为自变量，以运动前心率、运动中心率、运动后心率和主观用力感为因变量，分别进行单因素方差分析。结果显示：①在运动前心率的指标上，运动强度的主效应不显著，$F_{(3, 74)} = 1.715$，$p = 0.171$，偏 $\eta^2 = 0.065$，属于中效果量。②在运动中心率的指标上，运动强度的主效应显著，$F_{(3, 74)} = 575.532$，$p < 0.001$，偏 $\eta^2 = 0.959$，属于大效果量，心率从高往低依次为高强度、中等强度、低强度和对照组。事后多重均数比较发现，这些组两

两之间均存有差异，$p's < 0.001$。③在运动后心率的指标上，运动强度的主效应显著，$F(3，74) = 49.491$，$p < 0.001$，偏 $\eta^2 = 0.667$，属于大效果量。心率从高往低依次为高强度、中等强度、低强度和对照组。事后多重均数比较发现，高强度与低强度、高强度与对照组、中等强度与对照组、中等强度与低强度、低强度与对照组之间存有差异，$p's < 0.05$。④在主观用力感的指标上，运动强度的主效应显著，$F(3，74) = 178.997$，$p < 0.001$，偏 $\eta^2 = 0.879$，属于大效果量。主观用力感从高往低依次为高强度、中等强度、低强度和对照组。事后多重均数比较发现，这4组中两两各组之间均存有显著性差异，$p's < 0.01$。这些结果提示，本实验的有氧运动方案是有效的，能够区分出高强度、中等强度和低强度3个水平。

表 3 - 13   不同运动强度的无关变量及运动操作检查的描述统计（$M \pm SD$）

变量		对照组	低强度	中等强度	高强度
样本量		19	20	19	20
性别（女）		11	14	6	9
年龄/岁		19.68 ± 0.89	19.95 ± 0.83	19.68 ± 1.00	19.35 ± 0.81
身高/cm		166.26 ± 7.61	164.55 ± 8.03	169.11 ± 6.79	169.05 ± 7.12
体重/kg		56.89 ± 6.76	54.30 ± 7.01	58.58 ± 6.91	61.00 ± 9.26
BMI/（kg · m^{-2}）		20.56 ± 1.86	19.99 ± 1.52	20.44 ± 1.69	21.24 ± 1.91
身体活动（METs/w）		2 431.26 ± 634.83	2 109.55 ± 562.73	2 175.47 ± 476.87	2 000.75 ± 553.11
特质自我控制		3.10 ± 0.87	2.72 ± 1.02	2.95 ± 0.63	2.90 ± 1.01
运动操作检查	运动前心率	73.47 ± 9.54	76.30 ± 11.46	74.79 ± 8.78	69.35 ± 10.61
	运动中心率	74.61 ± 9.07	135.98 ± 6.82	145.08 ± 3.10	155.22 ± 6.12
	运动后心率	73.42 ± 9.32	91.70 ± 10.38	101.26 ± 8.44	105.60 ± 7.19
	主观用力感（RPE）	7.05 ± 0.85	11.30 ± 0.98	14.32 ± 1.49	15.90 ± 1.62

3. Stroop 干扰效应的错误率

表 3 - 14 呈现了不同运动强度和运动时间的 Stroop 任务错误率的描述

统计结果。为了检验所有实验条件中是否均存在 Stroop 效应，本实验以 Stroop 任务错误率为因变量，采用 4（运动强度：高强度、中等强度、低强度、对照组）×3（运动时间：block 0、block 1、block 2）×2（Stroop 条件：一致，不一致）重复测量方差分析，主要检验 Stroop 条件的主效应。结果显示：Stroop 条件主效应显著，$F(1, 75) = 45.405$，$p < 0.001$，偏 $\eta^2 = 0.380$，属于大效果量。Stroop 不一致条件的错误率高于一致条件的错误率，说明在错误率指标上，所有实验条件都存在 Stroop 效应。

表 3 - 14 不同运动强度和运动时间的 Stroop 任务错误率的描述统计（$M \pm SD$）

色词条件	对照组（$n=19$）			低强度（$n=20$）			中等强度（$n=19$）			高强度（$n=20$）		
	block 0	block 1	block 2	block 0	block 1	block 2	block 0	block 1	block 2	block 0	block 1	block 2
不一致	5.42 ± 7.46	7.64 ± 6.80	6.11 ± 5.53	9.50 ± 9.04	6.73 ± 5.73	7.90 ± 5.42	14.17 ± 17.86	9.58 ± 11.59	8.06 ± 8.20	4.68 ± 4.45	8.04 ± 7.16	9.50 ± 6.69
一致	5.28 ± 6.11	3.61 ± 3.13	2.64 ± 4.46	7.75 ± 8.66	3.66 ± 5.08	2.63 ± 8.86	11.25 ± 19.02	4.17 ± 4.18	3.75 ± 3.96	1.46 ± 2.52	1.17 ± 2.13	2.63 ± 2.85
干扰效应	0.14 ± 8.71	4.03 ± 5.73	3.47 ± 5.17	1.75 ± 5.72	3.07 ± 4.43	5.26 ± 5.92	2.92 ± 5.94	5.42 ± 11.49	4.31 ± 6.71	3.22 ± 5.18	6.87 ± 6.17	6.87 ± 5.02

为进一步检验运动强度对 Stroop 任务的影响，类似实验 1，以 Stroop 干扰效应为因变量，进行 4（运动强度：高强度、中等强度、低强度、对照组）×3（运动时间：block 0、block 1、block 2）重复测量方差分析。在运动时间变量上，球形检验结果显示，$Mauchly\ W = 0.959$，$p = 0.217$，满足球形假设检验，故以一元方差为准。方差分析结果显示，运动强度的主效应不显著，$F(3, 74) = 1.279$，$p = 0.288$，偏 $\eta^2 = 0.049$，属于小效果量；运动时间主效应显著，$F(2, 148) = 8.400$，$p = 0.001$，偏 $\eta^2 = 0.102$，属于中效果量。事后多重均数比较检验结果显示，block 1 的干扰效应显著高于 block 0 的干扰效应，差值为 0.028，$p = 0.002$；block 2 的干扰效应显著高于 block 0 的干扰效应，差值为 0.030，$p = 0.004$。运动强度

与运动时间交互作用不显著，$F_{(6, 148)} = 0.573$，$p = 0.753$，偏 $\eta^2 =$ 0.023，属于小效果量。

综述可获得如下结果：①运动强度对 Stroop 干扰效应的错误率指标不产生影响，随着运动强度增加，Stroop 干扰效应没有变化，即不影响自我控制。②运动时间对 Stroop 干扰效应的错误率指标产生影响，随着运动时间延长，Stroop 干扰效应逐渐增加，即随着运动时间延长，被试的自我控制下降。③运动强度与运动时间交互作用不显著，即不同运动时间条件下，运动强度对认知自我控制的影响没有变化。

4. Stroop 干扰效应的反应时

表 3-15 呈现了不同运动强度的 Stroop 任务反应时的描述统计结果。为了检验所有实验条件中是否均存在 Stroop 效应，本实验以 Stroop 任务反应时为因变量，采用 4（运动强度：高强度、中等强度、低强度、对照组）×3（运动时间：block 0、block 1、block 2）×2（Stroop 条件：一致、不一致）重复测量方差分析，主要检验 Stroop 条件的主效应。结果显示：Stroop 条件主效应显著，$F_{(1, 74)} = 251.935$，$p < 0.001$，偏 $\eta^2 = 0.773$，属于大效果量。Stroop 不一致条件的反应时大于一致条件的反应时，说明在反应时指标上，所有实验条件都存在 Stroop 效应。

表 3-15　不同运动强度的 Stroop 任务反应时的描述统计（$M \pm SD$）

色词条件	对照组（$n = 19$）			低强度（$n = 20$）		
	block 0	block 1	block 2	block 0	block 1	block 2
不一致	457.72 ± 112.66	496.32 ± 116.56	439.69 ± 108.04	502.56 ± 109.69	486.24 ± 94.34	450.40 ± 119.54
一致	361.79 ± 74.83	392.87 ± 105.12	351.58 ± 66.22	392.90 ± 75.36	400.98 ± 73.93	369.57 ± 73.40
干扰效应	95.94 ± 49.37	103.45 ± 32.68	88.11 ± 45.87	109.66 ± 73.20	85.26 ± 61.60	80.82 ± 86.03

（续上表）

色词条件	中等强度（$n=19$）			高强度（$n=20$）		
	block 0	block 1	block 2	block 0	block 1	block 2
不一致	480.69 ± 86.29	431.31 ± 70.01	384.42 ± 62.26	528.62 ± 123.96	460.87 ± 107.73	540.21 ± 108.67
一致	376.02 ± 71.78	360.93 ± 98.12	330.42 ± 61.00	421.37 ± 100.77	383.50 ± 95.91	408.86 ± 90.90
干扰效应	104.67 ± 66.16	70.38 ± 81.17	54.00 ± 37.51	107.26 ± 62.57	77.37 ± 48.01	131.34 ± 59.86

为进一步检验运动强度对 Stroop 效应的影响，以 Stroop 反应时干扰效应（不一致条件的反应时减去一致条件的反应时）为因变量，做 4（运动强度：高强度、中等强度、低强度、对照组）×3（运动时间：block 0、block 1、block 2）重复测量方差分析。在运动时间变量上，球形检验结果显示，$Mauchly\ W=0.959$，$p=0.217$，满足球形假设检验，故以一元方差为准。结果显示：运动强度主效应不显著，属于小效果量，说明运动强度对自我控制不产生影响。运动时间主效应显著，属于小效果量。事后多重均数比较检验结果显示，block 1 的干扰效应显著少于 block 0 的干扰效应，差值为 20.266 ± 6.050，$p=0.001$；block 2 的干扰效应显著少于 block 0 的干扰效应，差值为 15.812 ± 7.993，$p=0.052$。说明随着运动时间的延长，被试的认知自我控制提升了。运动强度与运动时间的交互作用显著，属于大效果量。方差分析结果及相关数据如表 3 – 16 所示。

表 3 – 16 运动强度和运动时间对 Stroop 干扰效应影响的方差分析结果

变异来源	SS	df	MS	F	偏 η^2	p
运动强度（组间）	25 390.672	3	8 463.557	1.164	0.045	0.329
误差（运动强度）	538 144.500	74	7 272.223			
运动时间（组内）	17 682.584	2	8 841.292	4.570	0.058	0.012

（续上表）

变异来源	SS	df	MS	F	偏 η^2	p
运动强度×运动时间	48 798.858	6	8 133.143	4.204	0.146	0.001
误差（运动时间）	286 347.128	148	1 934.778			

交互作用显著，说明运动强度对不同运动时间的干扰效应产生交互影响，需要进一步的简单效应检验。简单效应检验结果显示：①高强度运动条件下，运动时间的简单效应显著，$F(2, 73) = 8.823$，$p < 0.001$，偏 $\eta^2 = 0.195$，属于大效果量。事后多重均数比较检验结果显示，block 1 的干扰效应显著多于 block 0 的干扰效应，差值为 29.899 ± 11.944，$p = 0.015$；block 2 的干扰效应显著少于 block 1 的干扰效应，差值为 53.937 ± 12.575，$p < 0.001$。说明在高强度运动条件下，随着时间的推移，干扰效应先下降再提升，呈现倒 U 形曲线。②中等强度运动条件下，运动时间的简单效应显著，$F(2, 73) = 5.691$，$p = 0.005$，偏 $\eta^2 = 0.135$，属于中效果量。事后多重均数比较检验结果显示，block 1 的干扰效应显著少于 block 0 的干扰效应，$p = 0.007$；block 1 的干扰效应显著少于 block 2 的干扰效应，$p < 0.001$。然而，block 2 与 block 1 的干扰效应之间无显著性差异。说明在中等强度运动条件下，随着时间的推移，干扰效应显著下降。③低强度运动条件下，运动时间的简单效应边缘显著，$F(2, 73) = 2.426$，$p = 0.095$，偏 $\eta^2 = 0.062$，属于中效果量。事后多重均数比较检验结果显示，block 1 的干扰效应显著多于 block 0 的干扰效应，$p = 0.045$；block 2 的干扰效应显著多于 block 0 的干扰效应，$p = 0.05$。说明在低强度运动条件下，随着时间的推移，干扰效应处于下降趋势。④对照组中运动时间的简单效应不显著，$F(2, 73) = 0.645$，$p = 0.528$，偏 $\eta^2 = 0.017$，属于小效果量。说明对照组在不同运动时间的 Stroop 干扰效应未发生变化。交互作用结果如图 3 - 11 所示。

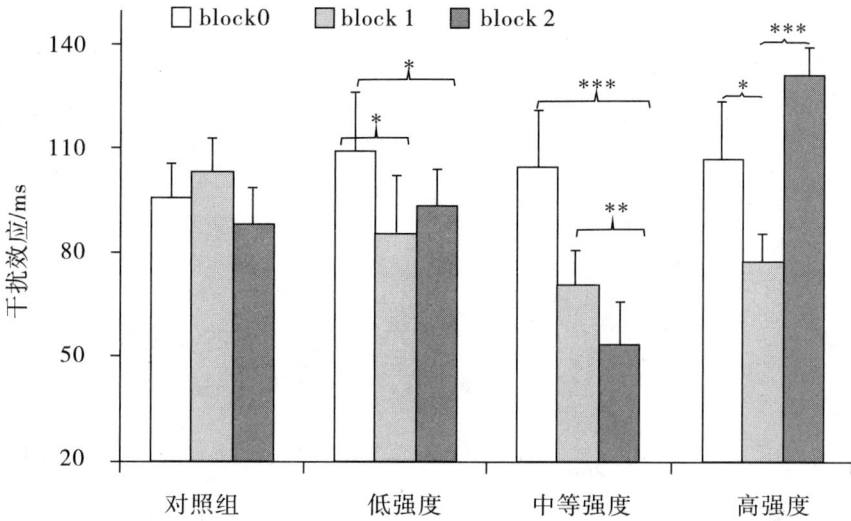

图 3 - 11　运动强度与运动时间交互作用图解

注：星号表示在同一种运动强度下，前测与后测之间存有显著性差异。其中，＊＊＊表示 $p < 0.001$，＊＊表示 $p < 0.01$，＊表示 $p < 0.05$，※表示 $p < 0.1$。

为进一步明确运动过程中的两个时间段（block 1 和 block 2）上各组干扰效应之间的差异，本实验以这两个时间段的干扰效应变化值为因变量（即 block 1 干扰效应变化值 = block 1 干扰效应 - block 0 干扰效应；block 2 干扰效应变化值 = block 2 干扰效应 - block 0 干扰效应），以运动强度为自变量，进行单因素方差分析。结果显示：在 block 1 干扰效应变化值指标上，运动强度主效应边缘显著，$F(3, 74) = 2.405$，$p = 0.074$，偏 $\eta^2 = 0.089$，属于中效果量。事后多重均数比较显示，中等强度与对照组、高强度与对照组之间存有显著性差异，$p's < 0.05$；低强度与对照组有边缘显著差异，$p = 0.066$；其他两两各组之间无显著性差异。在 block 2 干扰效应变化值指标上，运动强度主效应边缘显著，$F(3, 74) = 3.983$，$p = 0.011$，偏 $\eta^2 = 0.139$，属于中效果量。事后多重均数比较显示，高强度与低强度、高强度与中等强度、中等强度与对照组两两之间有显著性差异（如图 3 - 12 所示）。

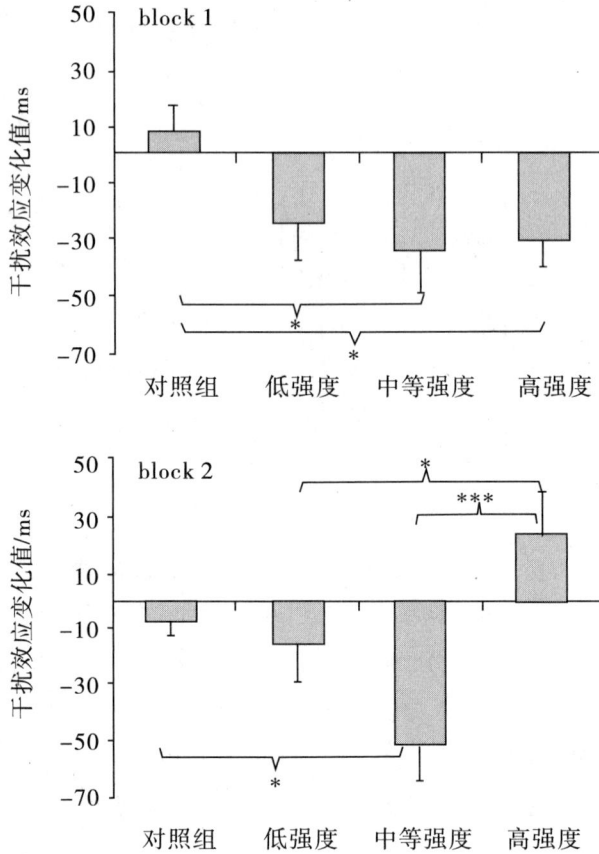

图3-12 运动前期（block 1 上图）和后期（block 2 下图）时段上干扰效应的变化值

注：星号表示在同一种运动强度下，前测与后测之间存有显著性差异。其中，＊＊＊表示 $p < 0.001$，＊＊表示 $p < 0.01$，＊表示 $p < 0.05$，※表示 $p < 0.1$。

综合上述对 Stroop 效应反应时的分析，可获得如下结果：①随着运动强度增加，Stroop 干扰效应不受影响，即运动强度不影响认知自我控制。②随着运动时间延长，Stroop 干扰效应逐渐增加，即随着运动时间延长，认知自我控制下降。③低强度运动条件下，在运动前期，Stroop 干扰效应显著下降；在运动后期，Stroop 干扰效应未发生变化。即从运动前期到后期，随着时间延长，被试的认知自我控制有提升趋势。④中等强度运动条件下，随着运动时间延长，在运动前期和后期，Stroop 干扰效应均有显著下降趋势。即从运动前期到后期，随着时间延长，被试的认知自我控制显著提升。⑤高强度运动条件下，在运动前期，Stroop 干扰效应显著下降；在运动后期，Stroop 干扰效应显著提升。即从运动前期到后期，随着运动时间延长，被试的认知自我控制先提升后下降。

（四）讨论

实验 4 在并行范式下，采用 Stroop 任务来探测自我控制，考察了运动强度和运动时间对认知自我控制影响的剂量效应。

在 Stroop 干扰效应的错误率指标上，获得如下结果：①运动强度不影响认知自我控制，说明随着运动强度增加，认知自我控制不会变化，不支持研究假设 1。②运动时间会影响认知自我控制，说明随着运动时间延长，认知自我控制下降，支持研究假设 2。③运动强度与运动时间交互作用不显著，说明不同运动强度对不同运动时间的认知自我控制不会产生影响，不支持研究假设 3、4 和 5。当然，运动强度与运动时间的交互作用不显著，其原因可能是本实验中 Stroop 干扰效应的错误率很低，其范围为 1.46% ~ 14.17%，存在地板效应（Yanagisawa et al.，2010），导致 Stroop 干扰效应的错误率指标在不同运动强度和不同运动时间中不敏感。故本实验重点分析 Stroop 干扰效应的反应时指标。

在 Stroop 干扰效应的反应时指标上，获得如下结果：①运动强度不影响认知自我控制，不支持研究假设 1；②运动时间会影响认知自我控制，随着运动时间延长，认知自我控制下降，支持研究假设 2；③低强度急性有氧运动条件下，随着时间延长，被试的认知自我控制有提升趋势，不支持研究假设 3；④中等强度急性有氧运动条件下，随着时间延长，被试的认知自我控制显著提升，支持研究假设 4；⑤高强度急性有氧运动条件下，随着时间延长，被试的认知自我控制先提升后下降，呈现倒 U 形，不支持研究假设 5。概言之，在运动前期，高、中和低强度急性有氧运动均可提升认知自我控制；而在运动后期，各种运动强度作用不一：高强度急性有氧运动会降低认知自我控制，中、低强度急性有氧运动会提升认知自我控制。可见，急性有氧运动的强度和运动时间对认知自我控制的影响存在剂量效应。然而，倒 U 形理论（McMorris & Graydon，2000）、自我控制的力量模型（Baumeister et al.，2007）以及 RAH 模型（Dietrich，2003；Dietrich & Audiffren，2011）似乎都不能完整地解释这一结果，需整合理论观点甚至提出新的观点来解释上述现象（详细内容见后续讨论部分）。

第三节　研究三：急性有氧运动
对自我控制影响的脑机制

由前文可知，随着认知神经科学的兴起，一些研究者利用 fNIRS 技术探讨了急性有氧运动对抑制控制影响的脑机制。依据设计方案是否同时执行急性有氧运动任务与抑制控制任务，可将这些研究分成"序列范式"和"并行范式"两大类。

在序列范式研究方面，研究者设计了低强度运动（Byun et al.，2014）、中等强度运动（Yanagisawa et al.，2010；文世林等，2015a；文世林等，2015b）和高强度间歇运动（Kujach et al.，2018）等方案，这些研究结果一致显示，急性有氧运动可通过增强前额叶皮层的 O_2Hb 信号，提高抑制控制能力，这为急性有氧运动提升抑制控制的脑机制提供了有力的证据。应指出的是，以往研究仅设计某一种强度的运动方案，未能比较不同运动强度所产生的前额叶不同脑区的 O_2Hb 信号是否存在差异，这意味着以往的研究在脑机制层面上尚未揭示运动强度对自我控制的影响是否存在剂量效应。

在并行范式研究方面，研究者设计了高强度和低强度两种运动方案（Tempest et al.，2017）、先低强度运动后高强度运动方案（Lucas et al.，2012）以及 85% 最大摄氧量超强运动方案（Schmit et al.，2015），所获取的研究成果存在矛盾。例如在行为指标上，急性有氧运动可提升抑制控制（Lucas et al.，2012；Tempest et al.，2017），或不影响抑制控制（Schmit et al.，2015），甚至会降低刷新功能（Tempest et al.，2017）。在 fNIRS 的 O_2Hb 指标上，高强度的急性有氧运动可提升前额叶皮层的 O_2Hb 信号（Lucas et al.，2012；Tempest et al.，2017），亦可降低前额叶皮层的 O_2Hb 信号（Schmit et al.，2015）。可见，并行范式中急性有氧运动对自我控制影响的脑机制尚不明确。应指出的是，虽然 Tempest 等人（2017）设计了高强度和低强度两种运动方案，发现了运动强度对抑制控制（Flanker 任务）的影响存在剂量效应，即高强度运动可增强前额叶皮层的 O_2Hb 信号，低强度运动则不能增强前额叶皮层的 O_2Hb 信号。然而该项研究存有以下三方面的改善空间：①该项研究没有对照组，致使其研究结果可能存在安慰剂效应；②该项研究采用 fNIRS 中的两个光源和两个探头，组成四个通道来探测右前额叶皮层的 O_2Hb 信号。由于通道少，无法细分前额叶皮层的 ROIs，比如 DLPFC 和 FPA 等，致使该项研究未能深入分析前额叶皮层不同的 ROIs 在急性有氧运动对自我控制影响中所起的作用；③由于实验的设计，该项研究仅笼统地考察了 Flanker 任务的反应时所对应的前额叶皮层 O_2Hb 信号，没有区分 Flanker 任务中不一致条件与一致条件所对应的前额叶皮层 O_2Hb 信号，这表明该项研究没有对 Flanker 的干扰效应（干扰效应 = 不一致条件的 O_2Hb 信号 - 一致条件的 O_2Hb 信号）的脑机制进行深入探讨。

针对以往研究的不足，本研究采用更科学的实验设计，利用 fNIRS 技术来测量前额叶皮层的 L-DLPFC、R-DLPFC、L-FPA、R-FPA 四个脑区的 O_2Hb 信号变化，以全面考察序列和并行两种范式下，急性有氧运动的强度对自我控制影响的剂量效应及其脑机制。

实验 5：急性有氧运动对认知自我控制影响的脑机制

（一）研究目的

采用 Stroop 任务的干扰效应来测量认知自我控制，运用 fNIRS 技术来测量前额叶皮层的 O_2Hb 信号，全面考察序列和并行两种范式下，运动强度和运动时程对认知自我控制影响的剂量效应及其脑机制。其中，序列范式主要分析 Stroop 干扰效应的运动前测与后测的成绩和 O_2Hb 信号之差异；而并行范式主要分析运动过程中（大约 20min），Stroop 任务的成绩和 O_2Hb 信号随运动时间的变化趋势。此外，由于实验 1~4 的结果以及前人的研究结果都显示，中、低强度运动均可提升自我控制（Chang et al.，2012），故本实验没有设计中等强度的有氧运动方案，只设计高强度运动、低强度运动和无运动条件 3 个水平，以更好地区别各类运动强度所产生的不同效应。

依据倒 U 形理论（McMorris & Graydon，2000）、自我控制的力量模型（Baumeister et al.，2007）以及 RAH 模型（Dietrich，2003；Dietrich & Audiffren，2011），本实验提出如下 4 个研究假设：

假设 1：序列范式下，低强度急性有氧运动会提升认知自我控制，且与前额叶皮层中某个 ROI 的 O_2Hb 信号表现出同步性；

假设 2：序列范式下，高强度急性有氧运动会降低认知自我控制，且与前额叶皮层中某个 ROI 的 O_2Hb 信号表现出同步性；

假设 3：并行范式下，低强度运动随着运动时间延长，会提升认知自我控制，且与前额叶皮层中某个 ROI 的 O_2Hb 信号表现出同步性；

假设 4：并行范式下，高强度运动随着运动时间延长，会降低认知自我控制，且与前额叶皮层中某个 ROI 的 O_2Hb 信号表现出同步性。

（二）研究方法

1. 研究设计

采用 3（运动强度：高强度、低强度、无运动条件）×3（运动时程：

运动前测、运动中测、运动后测）×2（Stroop 条件：一致、不一致）三因素重复测量设计。其中运动强度、运动时程和 Stroop 条件均为组内变量。Stroop 任务的反应时和错误率以及前额叶皮层的 O_2Hb 信号为因变量。其中运动中测分成 10 个 blocks，每个 block 为 100s，因此，并行范式主要分析运动过程中 Stroop 任务的成绩及前额叶皮层的 O_2Hb 信号在这 10 个 blocks 中的变化趋势；而序列范式主要分析 Stroop 任务的成绩及前额叶皮层的 O_2Hb 信号在运动前测与后测之间的差异。

2. 研究对象

研究对象为普通大学的本科生，入选标准同实验 1。最终招募到符合入选标准的 14 名本科生自愿参加实验，其中男 8 名，女 6 名。这些被试需来实验室做 3 次测试，第 1 次为熟悉实验流程并完成无运动干预条件下的 Stroop 任务，获取基线条件下 Stroop 任务的反应时和错误率，以及前额叶皮层的 O_2Hb 信号作为参照。为了抵消实验处理的先后顺序的影响，剩余高强度和低强度的运动干预采用 AB 和 BA 平衡法的顺序来安排测试，每种实验顺序随机安排 7 名被试。每个人完成全部实验后可获得 200 元劳务费。

3. 仪器与材料

（1）急性有氧运动任务所需的设备同实验 1。

（2）Stroop 任务中，用 E-prime 2.0 编程，通过戴尔台式电脑（戴尔 OPTIPLEX3050）呈现实验刺激，其他同实验 1。

（3）fNIRS 设备。

采用美国 NIRx 公司生产的 NIRSport 便携式近红外成像仪（NIRSport，NIRx Medical Technology LLC，Glen Head，NY，USA）联机采集被试的近红外脑成像数据。NIRSport 包括 8 个光源（source）和 8 个探头（detector），采样率约为 7.18Hz。光源发射 760nm 和 850nm 两种波长的近红外光（LED 光源）。光源与探头安插在 NIRx 公司配套的 EASY-CAP 帽子上，用塑料片将两者之间的距离固定为约 2.5cm。本实验采用 8 个光源和 7 个探头，佩戴在被试头部的前额叶脑区，组成 20 个通道（Channel，简称 CH）。

NIRSport 设备及相应通道分布如图 3 - 13 所示。

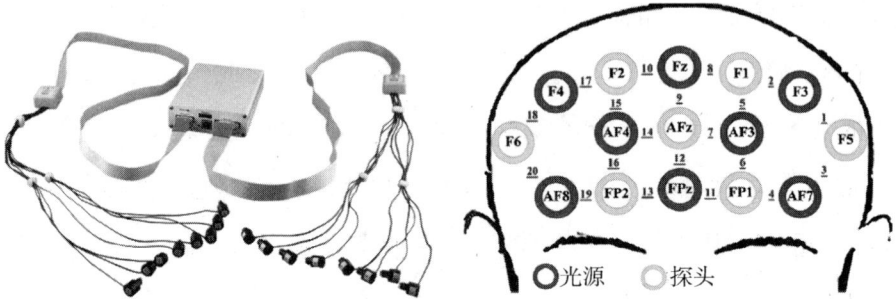

图 3 - 13 左图为 NIRSport 主机及光源、右图为探头和通道分布（Xu et al., 2017）

依据 fNIRS 光电定位的判定准则（fNIRS Optodes' Location Decider，简称 fOLD），同时基于高密度的 10 - 20 国际系统中的脑区最大概率分布（Zimeo Morais et al.，2018；Jurcak et al.，2007），将 20 个通道划分为 4 个 ROI。具体包括 DLPFC，由 CH2、CH5、CH8、CH9、CH10、CH15 和 CH17 组成；FPA，由 CH6、CH7、CH11、CH12、CH13、CH14、CH16 和 CH19 组成；眶额皮质（orbitofrontal area），由 CH4 组成；布洛卡区的三角部（pars triangularis Broca's area），由 CH1、CH3、CH18 和 CH20 组成。

此外，实验 5 中使用 1 台呈现 E-prime 刺激的台式电脑和 1 台采集近红外数据的笔记本电脑。NIRSport 成像仪通过触发器的 10-pin 的排插式接口和 25-pin 标准并口，与呈现 Eprime 刺激的台式电脑；同时，E-prime 软件的触发 marker 信号，通过 USB3.0 接口与采集数据的笔记本电脑连接。这样，marker 信号就可同步到近红外采集数据软件上。

4. 实验方案

（1）急性有氧运动方案同实验 1。

（2）Stroop 任务。

Stroop 任务要求同实验 1，单个 trial 的实验流程与实验 1 类似（如实验 1 中的图 3 - 1 所示）。与实验 1 的区别在于从"注视点"到"刺激"呈现的间隔时间不再是随机的 300ms 或 500ms，而是固定为 300ms，按键反应呈现的时间也固定为 2 000ms。因此，整个 trial 的时间为 3s。Stroop 任务的指导语同实验 1。

（3）fNIRS 实验设计。

fNIRS 实验设计一般采用血流动力学响应函数（hemodynamic response function，简称 HRF）来描述大脑区域接受某一刺激之后的血流量变化（Kohl et al.，2000）。其基本原理是：在刺激呈现 6s 左右，特定大脑区域的血流量达到峰值，之后开始下降，直降到基线水平以下，15s 左右趋于稳定，然后逐渐恢复至基线水平（如图 3 - 14 所示）。

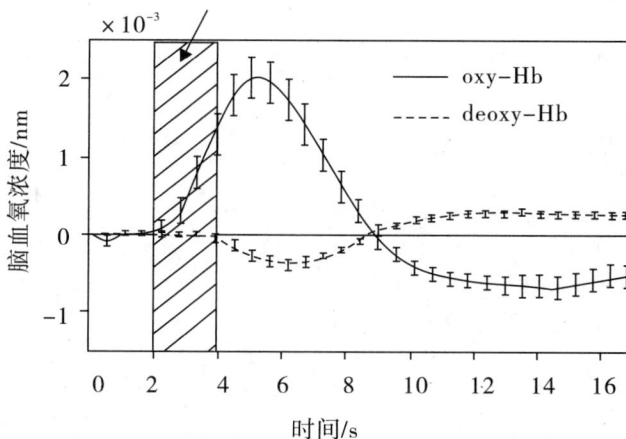

图 3 - 14　HRF 函数（Ferrari，Quaresima，2012）

为了保证在 E-prime 刺激呈现后，NIRSport 能够探测到被试前额叶脑氧合水平（包括 O_2Hb 和 HHb）的变化，本实验的 Stroop 任务采用 block 设计。block 设计思路如下：1 个 block 包括 10 个 trials，每个 trial 时间为 3s，因此被试完成 1 个 block 的时间为 30s，然后休息 20s，主试在休息期间收集被试前额叶脑氧合水平的变化。

运动前测和后测均包括 4 个 blocks，其中 2 个 blocks 是 Stroop 任务的一致条件，另外 2 个 blocks 为不一致条件；运动中测包括 20 个 blocks，其中 10 个 blocks 是 Stroop 任务的一致条件，另外 10 个 blocks 为不一致条件。所有 blocks，都按照 AB 和 BA 平衡法来平衡实验顺序的影响。在具体实验过程中，用台式电脑呈现 Stroop 任务刺激，用支架将台式电脑的键盘架在 Ergoselect 100 功率自行车旁，因此被试可一边骑功率自行车，一边完成 Stroop 任务。运动干预流程如图 3 – 15 所示。

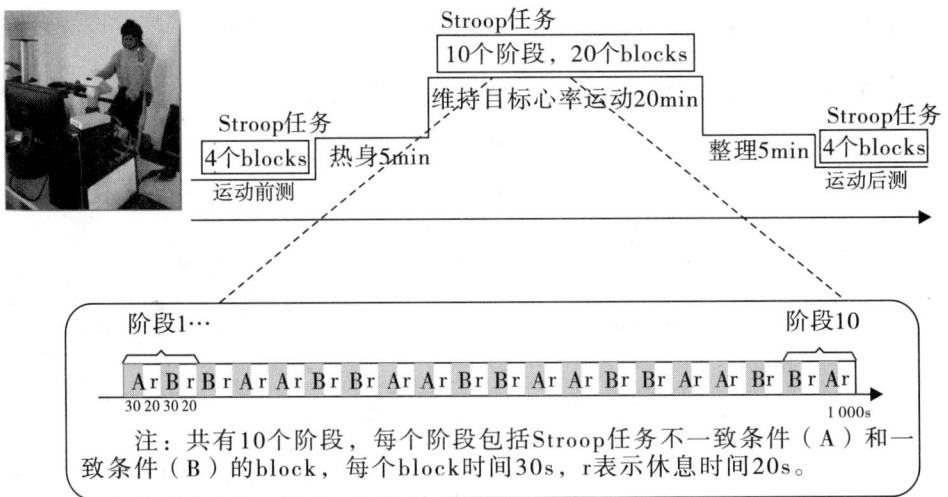

图 3 – 15 fNIRS 运动干预流程（上图）及运动中测的 block 设计（下图）

5. 无关变量和运动操作检查

除了不检查情绪状态之外，其他无关变量和运动操作检查与实验 1 相同。具体包括：人口变量、运动心率、IPAQ（Bauman et al.，2009）、特质自我控制量表（谭树华、郭永玉，2008）、主观用力感（Borg，1982）、BMIS（孙拥军，2008）。

6. 实验流程

实验流程如图 3 – 16 所示。

步骤一：阅读并填写《知情同意书》

步骤二：填写个人基本信息、IPAQ 和特质自我控制量表

步骤三：佩戴 Ergoline 100K 心率胸带，测量运动前心率

步骤四：佩戴EASY-CAP帽子，检测fNIRS信号

对照条件

步骤五：第1次测试
被试骑在功率自行车上，按照运动干预流程完成 Stroop 任务，其间 20min 内，第 5、10、15 和 20min 记录心率；干预结束后即刻报告RPE

运动干预条件

步骤六：第2、3次测试
通过抽签安排高和低强度运动干预的顺序，然后按照运动干预流程完成急性有氧运动和Stroop 任务。干预 20min 内，第 5、10、15 和 20min 记录心率；干预结束后即刻报告 RPE

步骤七：实验结束，表示感谢，发放实验劳务费

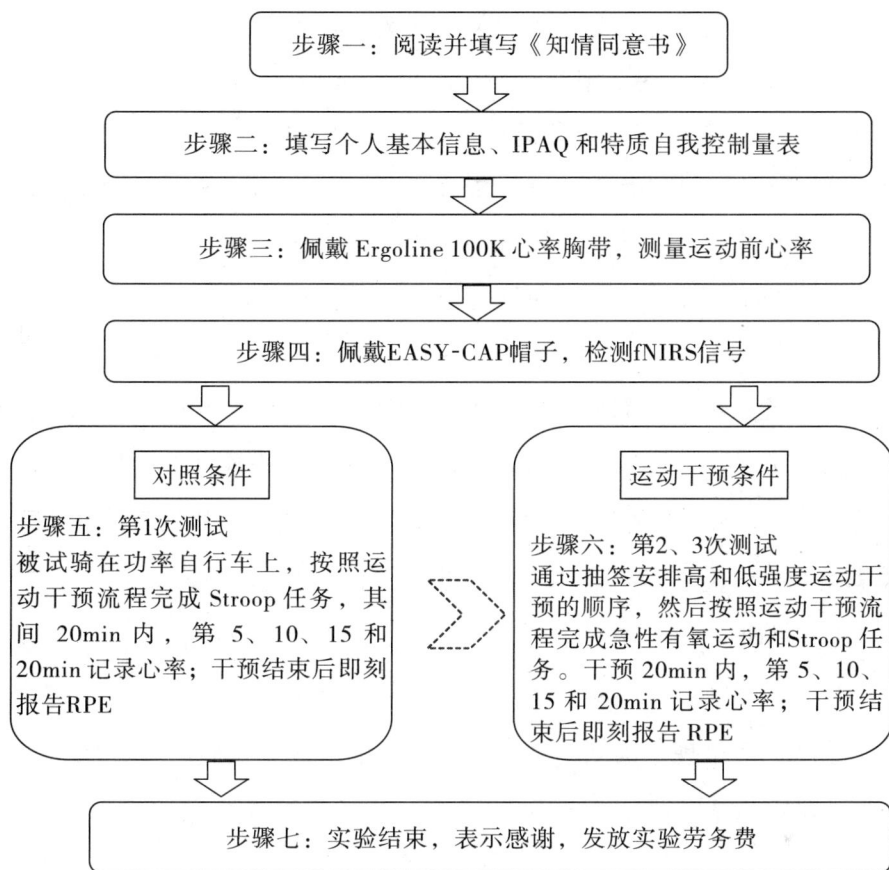

图 3-16　实验 5 流程图

7. 统计分析

（1）行为数据分析。

采用 E-data 软件整理 Stroop 任务数据并导入 Excel 2010 中，其他数据信息采用 Excel 2010 录入和整理，最后采用 SPSS 23.0 进行方差分析。

（2）fNIRS 数据分析。

本实验通过 NIRStar 采集软件收集数据，利用 nirsLAB 分析软件对原始数据进行初步处理。具体分析步骤如下：①导入原始数据、电极放置位置的数据文件，同时导入记录实验的 marker 的数据文件，做好实验的准备工作；②删除与实验无关的数据段，去除由动作和呼吸造成的漂移和伪

迹，采用过滤器来过滤与实验无关的频带，频率通过（band pass）的范围为 0.01 ~ 0.08Hz；③采用 Modified Beer-Lambert 定律将收到的电压数据转化成相应的脑血氧数据；④采用小波分析的 HRF 函数进一步处理数据，即采用嵌入 nirsLAB 中的 SPM 一般线性模型（GLM）来分析 O_2Hb 的血流动力学脑反应，以此确定不同条件下各个被试的各个通道的 O_2Hb，最后导出各个 Beta 值；⑤整理完所有被试所有实验条件下各通道的 Beta 数据后，将其导入 SPSS 23.0 软件，进一步统计分析。

本实验采用重复测量方差分析，因此需要进行球形假设检验。对不满足球形检验的统计量采用 Greenhouse-Geisser 矫正均数自由度和 p 值，因此自由度可能会出现小数点，而不是整数。事后多重均数比较采用 LSD 法。其他方差分析步骤以及统计指标报告同实验 1。

（三）研究结果

1. 被试基本信息

表 3 - 17 呈现了被试的基本信息，从中可知本实验的被试信息与实验 1 ~ 4 的基本信息相似。

表 3 - 17　被试基本信息（$n = 14$）

变量	平均值	标准差
年龄/岁	21.36	1.98
身高/cm	170.71	7.74
体重/kg	60.14	9.65
BMI/（kg·m^{-2}）	20.52	1.95
身体活动水平/（METs/w）	2 646.00	1 192.86
特质自我控制	2.83	0.45

2. 运动操作检查

表 3 - 18 呈现了不同运动强度的心率及 RPE 的描述统计信息。

表 3-18　不同运动强度的心率及 RPE 的描述统计（$M \pm SD$）

因变量	无运动	低强度	高强度
运动前心率	72.50 ± 14.49	71.86 ± 16.03	72.43 ± 13.18
运动中心率	73.59 ± 13.96	125.04 ± 16.75	151.68 ± 5.19
运动后心率	73.29 ± 13.97	89.00 ± 15.09	102.86 ± 11.92
主观用力感（RPE）	7.71 ± 1.14	11.43 ± 1.22	17.86 ± 2.18

以运动强度为组内自变量，以运动前心率、运动中心率、运动后心率和主观用力感为因变量分别进行单变量重复测量因素方差分析。结果显示：①在运动前心率的指标上，运动强度的主效应不显著，$F(1.03, 13.42) = 0.150$，$p = 0.713$，偏 $\eta^2 = 0.011$，属于小效果量。②在运动中心率的指标上，运动强度的主效应显著，$F(1.27, 16.50) = 414.775$，$p < 0.001$，偏 $\eta^2 = 0.970$，属于大效果量，心率从高往低依次为高强度、低强度和无运动。事后多重均数比较发现，两两各组之间均存有差异，$p's < 0.001$。③在运动后心率的指标上，运动强度的主效应显著，$F(2, 26) = 144.176$，$p < 0.001$，偏 $\eta^2 = 0.917$，属于大效果量，心率从高往低依次为高强度、低强度和无运动。事后多重均数比较发现，两两各组之间均存有差异，$p's < 0.001$。④在主观用力感的指标上，运动强度的主效应显著，$F(2, 26) = 161.551$，$p < 0.001$，偏 $\eta^2 = 0.926$，属于大效果量，主观用力感从高往低依次为高强度、低强度和无运动。事后多重均数比较发现，两两各组之间均存有差异，$p's < 0.001$。这些结果提示，本实验的有氧运动方案是有效的，能够区分出高强度和低强度 2 个水平。

3. 序列范式下的行为数据分析

（1）Stroop 干扰效应的错误率。

表 3-19 呈现了不同运动强度的 Stroop 任务错误率的描述统计结果。为了检验所有实验条件中是否均存在 Stroop 效应，本实验采用 3（运动强度：高强度、低强度、无运动）×2（测试次序：前测、后测）×2（Stroop 条件：一致、不一致）重复测量方差分析，主要检验 Stroop 条件的主效

应。结果显示：Stroop 条件主效应显著，$F(1, 13) = 30.333$，$p < 0.001$，偏 $\eta^2 = 0.700$，属于大效果量。Stroop 不一致条件的错误率高于一致条件的错误率，说明在错误率指标上，所有实验条件都存在 Stroop 效应。

表 3 – 19　不同运动强度的 Stroop 任务错误率的描述统计（$M \pm SD$）

色词条件	无运动		低强度		高强度	
	前测	后测	前测	后测	前测	后测
不一致	2.86 ± 2.57	3.57 ± 5.35	2.14 ± 3.79	2.14 ± 3.78	3.57 ± 3.63	4.29 ± 3.31
一致	0.71 ± 1.82	2.14 ± 3.78	1.43 ± 2.34	1.43 ± 3.63	2.14 ± 3.78	0.71 ± 1.82
干扰效应	2.14 ± 3.78	1.43 ± 2.34	0.71 ± 4.32	0.71 ± 1.82	1.43 ± 5.35	3.57 ± 3.63

为进一步检验运动强度对 Stroop 任务的影响，本实验采用 Stroop 干扰效应指标进行分析。以 Stroop 干扰效应的错误率为因变量，做 3（运动强度：高强度、低强度、无运动）×2（测试次序：前测、后测）重复测量方差分析。结果显示：运动强度主效应不显著，$F(2, 26) = 1.395$，$p = 0.266$，偏 $\eta^2 = 0.097$，属于中效果量；测试次序主效应不显著，$F(1, 13) = 0.650$，$p = 0.435$，偏 $\eta^2 = 0.048$，属于小效果量；运动强度与测试次序的交互作用不显著，$F(1.28, 16.62) = 0.858$，$p = 0.395$，偏 $\eta^2 = 0.062$，属于中效果量。交互作用不显著，说明在错误率指标上，运动强度对 Stroop 干扰效应的变化不产生影响。

（2）Stroop 干扰效应的反应时。

表 3 – 20 呈现了不同运动强度的 Stroop 任务反应时的描述统计结果。为了检验所有实验条件中是否均存在 Stroop 效应，本实验以 Stroop 反应时为因变量，做 3（运动强度：高强度、低强度、无运动）×2（测试次序：前测、后测）×2（Stroop 条件：一致、不一致）重复测量方差分析，主要检验 Stroop 条件的主效应。结果显示：Stroop 条件主效应显著，$F(1, 13) = 133.531$，$p < 0.001$，偏 $\eta^2 = 0.911$，属于大效果量。Stroop 不一致条件的

反应时大于一致条件的反应时，说明在反应时指标上，所有实验条件都存在 Stroop 效应。

表 3 – 20　不同运动强度的 Stroop 任务反应时的描述统计（$M \pm SD$）

色词条件	无运动		低强度		高强度	
	前测	后测	前测	后测	前测	后测
不一致	546.48 ± 107.09	520.61 ± 80.55	534.18 ± 124.28	498.23 ± 106.68	510.46 ± 94.41	531.23 ± 125.77
一致	388.08 ± 83.80	390.70 ± 54.91	394.30 ± 73.49	429.86 ± 94.43	396.94 ± 99.35	435.08 ± 99.92
干扰效应	158.39 ± 66.00	129.90 ± 41.81	139.80 ± 75.62	68.36 ± 63.85	113.52 ± 66.62	96.15 ± 50.82

为进一步检验运动强度对 Stroop 效应的影响，以 Stroop 干扰效应的反应时（不一致条件的反应时减去一致条件的反应时）为因变量，做 3（运动强度：高强度、低强度、无运动）×2（测试次序：前测、后测）重复测量方差分析。结果显示：运动强度主效应显著，属于大效果量；测试次序主效应边缘显著，属于大效果量；运动强度与测试次序的交互作用边缘显著，属于大效果量。方差分析结果及相关数据如表 3 – 21 所示。

表 3 – 21　运动强度和测试次序对 Stroop 干扰效应影响的方差分析结果

变异来源	SS	df	MS	F	偏 η^2	p
运动强度	26 909.255	2	13 454.627	4.227	0.245	0.026
误差（运动强度）	82 758.532	26	3 183.020			
测试次序	28 349.686	1	28 349.686	9.829	0.431	0.008
误差（测试次序）	37 495.770	13	2 884.290			
运动强度×测试次序	8 448.582	2	4 224.291	2.875	0.181	0.074
误差（运动强度× 测试次序）	38 202.284	26	1 469.319			

交互作用边缘显著，说明运动强度对前后测的 Stroop 干扰效应产生不同影响，需要进一步的简单效应检验。简单效应检验结果显示：①高强度运动条件下，测试次序的简单效应不显著，$F(1, 13) = 0.799$，$p = 0.388$，偏 $\eta^2 = 0.058$，属于小效果量，说明高强度运动对 Stroop 干扰效应没有产生影响。②低强度运动条件下，测试次序的简单效应显著，$F(1, 13) = 12.241$，$p = 0.004$，偏 $\eta^2 = 0.485$，属于大效果量，后测的干扰效应少于前测的干扰效应，说明低强度运动减少了 Stroop 干扰效应，提升了认知自我控制。③无运动条件下，测试次序的简单效应边缘显著，$F(1, 13) = 3.369$，$p = 0.089$，偏 $\eta^2 = 0.206$，属于大效果量，说明无运动条件下，前后测的 Stroop 干扰效应也有降低趋势。交互作用结果如图 3 - 17 所示。

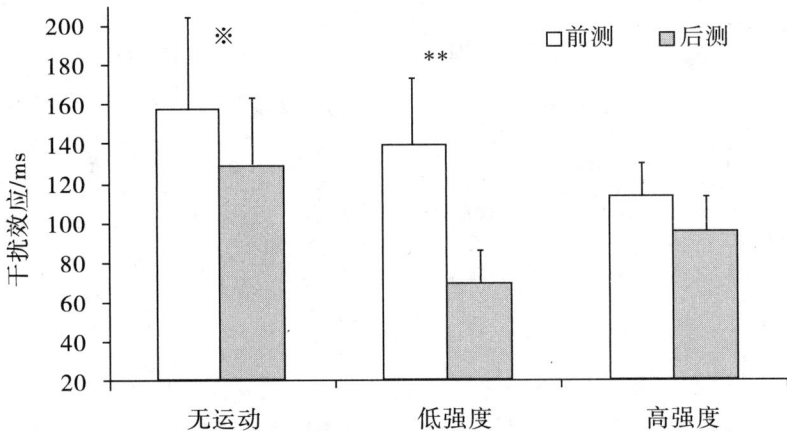

图 3 - 17　运动强度与测试次序交互作用图解

注：星号表示在同一种运动强度下，前测与后测之间存有显著性差异。其中，＊＊＊表示 $p < 0.001$，＊＊表示 $p < 0.01$，＊表示 $p < 0.05$，※表示 $p < 0.1$。

为进一步明确各组的干扰效应之间的差异，本实验对 Stroop 干扰效应的前后测差值进行单因素方差分析。结果显示：运动强度主效应显著，$F(1, 13) = 9.829$，$p = 0.008$，偏 $\eta^2 = 0.431$，属于大效果量。事后多重均数比较发现，低强度与无运动之间存有显著性差异，$p = 0.029$；高强度与低强度之间差异边缘显著，$p=0.094$。3组 Stroop 干扰效应前后测差值如图 3-18 所示。

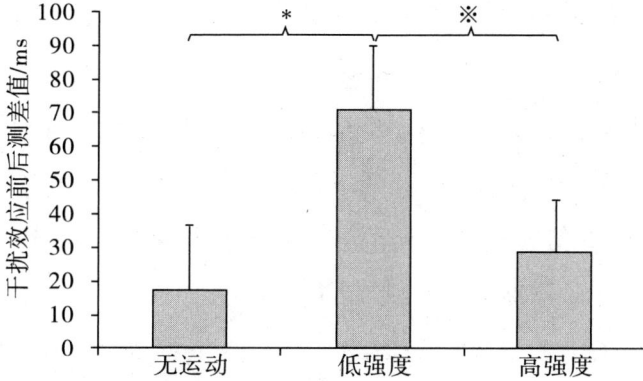

图 3-18 不同运动强度下的 Stroop 干扰效应前后测差值

注：星号表示在同一种运动强度下，前测与后测之间存有显著性差异。其中，＊＊＊表示 $p<0.001$，＊＊表示 $p<0.01$，＊表示 $p<0.05$，※表示 $p<0.1$。

4. 序列范式下的 fNIRS 数据分析

图 3-19 呈现了运动的前后测，所有实验条件下，Stroop 任务中的一致条件与不一致条件诱发的 O_2Hb 信号整合波幅示意图。

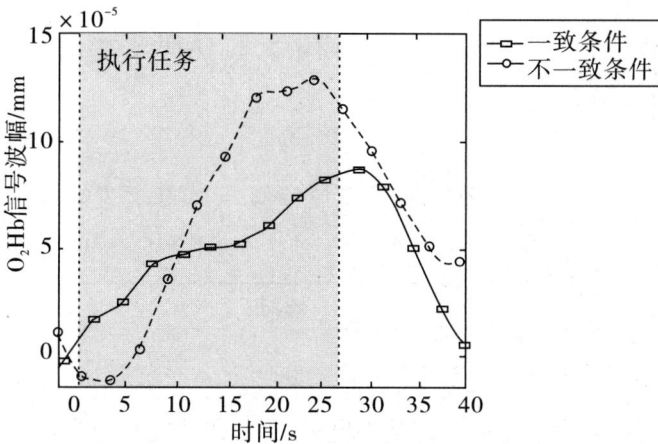

图 3-19 序列范式下，Stroop 任务一致条件与不一致条件下的 O_2Hb 信号的对比

从图 3 - 19 可知，不一致条件下的 O_2Hb 信号浓度要高于一致条件下的 O_2Hb 信号浓度（$p < 0.01$），这意味着与一致条件相比，不一致条件下的 Stroop 任务增加了更多的 O_2Hb 浓度，提高了前额叶激活水平，说明在序列范式下，存在 Stroop 干扰效应。

为了明确 20 个通道中的 O_2Hb 信号浓度是否反映 Stroop 干扰效应，我们采用独立样本 t 检验，对每个通道不一致条件下的 O_2Hb 信号浓度与一致条件下的 O_2Hb 信号浓度进行差异性比较，结果发现有 13 个通道存在 Stroop 干扰效应，分别为 CH2、CH5、CH6、CH7、CH8、CH10、CH11、CH13、CH14、CH15、CH16、CH17、CH19。依据 fOLD 的定位准则，我们将 13 个通道划分为 4 个 ROIs，分别为 L-DLPFC（CH2、CH5、CH8）、R-DLPFC（CH10、CH15、CH17）、L-FPA（CH6、CH7、CH11）和 R-FPA（CH13、CH14、CH16、CH19）。

为了进一步检验在 4 个 ROIs（L-DLPFC、R-DLPFC、L-FPA、R-FPA）中，运动强度对 Stroop 效应诱发的 O_2Hb 信号的影响。我们对 4 个 ROIs 分别进行 3（运动强度：高强度、低强度、无运动）×2（测试次序：前测、后测）重复测量方差分析，因变量为 Stroop 干扰效应诱发的 O_2Hb 信号（不一致条件的 O_2Hb 信号减去一致条件的 O_2Hb 信号）。表 3 - 22 呈现了不同运动强度条件下，Stroop 干扰效应诱发的 O_2Hb 信号在 4 个 ROIs 的前测与后测数值。

表 3 - 22　不同运动强度的 Stroop 干扰效应诱发的
O_2Hb 信号（$\mu M \times 10^{-5}$）的描述统计（$M \pm SD$）

ROIs	无运动		低强度		高强度	
	前测	后测	前测	后测	前测	后测
L-DLPFC	-2.41 ± 6.40	0.24 ± 7.66	-1.48 ± 5.98	18.24 ± 21.98	0.60 ± 4.26	1.86 ± 8.70
R-DLPFC	-1.88 ± 8.87	-3.39 ± 10.24	0.71 ± 4.86	11.62 ± 17.14	-1.29 ± 4.89	-2.57 ± 8.78
L-FPA	3.68 ± 5.41	-2.92 ± 7.44	2.43 ± 4.48	6.89 ± 8.42	4.32 ± 5.61	2.97 ± 5.80
R-FPA	-2.40 ± 5.43	1.35 ± 6.55	0.36 ± 5.92	7.47 ± 11.57	-1.51 ± 7.69	8.76 ± 14.13

在 L-DLPFC 上，运动强度主效应显著，$F_{(2, 26)} = 6.143$，$p = 0.007$，偏 $\eta^2 = 0.487$，属于大效果量；事后多重均数比较发现，低强度运动的 O_2Hb 信号高于无运动条件和高强度运动，$p's < 0.001$。测试次序主效应显著，$F_{(1, 13)} = 15.227$，$p = 0.002$，偏 $\eta^2 = 0.539$，属于大效果量，运动后测的 O_2Hb 信号高于运动前测。运动强度与测试次序的交互作用显著，$F_{(2, 26)} = 4.119$，$p = 0.028$，偏 $\eta^2 = 0.241$，属于大效果量。交互作用显著，则进行简单效应检验，事后多重均数比较检验结果显示：①无运动条件下，后测 O_2Hb 信号与前测 O_2Hb 信号之间无显著性差异，$p = 0.217$；②低强度运动条件下，后测 O_2Hb 信号显著高于前测 O_2Hb 信号，$p = 0.011$；③高强度运动条件下，后测 O_2Hb 信号与前测 O_2Hb 信号之间无显著性差异，$p = 0.607$（如图 3-20 所示）。

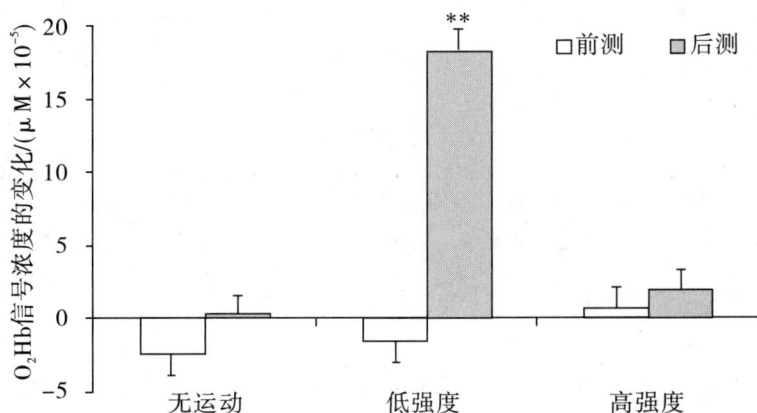

图 3-20　L-DLPFC 中的运动强度与测试次序交互作用图解

注：星号表示在同一种运动强度下，前测与后测之间存有显著性差异。其中，＊＊＊表示 $p < 0.001$，＊＊表示 $p < 0.01$，＊表示 $p < 0.05$，※表示 $p < 0.1$。

在 R-DLPFC 上，运动强度主效应显著，$F_{(2, 26)} = 6.067$，$p = 0.007$，偏 $\eta^2 = 0.318$，属于大效果量；测试次序主效应不显著，$F_{(1, 13)} = 1.017$，$p = 0.332$，偏 $\eta^2 = 0.073$，属于中效果量。运动强度与测试次序的交互作用显

著，$F_{(2, 26)} = 6.919$，$p = 0.004$，偏 $\eta^2 = 0.347$，属于大效果量。交互作用显著，则进行简单效应检验，事后多重均数比较检验结果显示：①无运动条件下，后测 O_2Hb 信号与前测 O_2Hb 信号之间无显著性差异，$p = 0.493$；②低强度运动条件下，后测 O_2Hb 信号显著高于前测 O_2Hb 信号，$p = 0.023$；③高强度运动条件下，后测 O_2Hb 信号与前测 O_2Hb 信号之间无显著性差异，$p = 0.495$（如图 3-21 所示）。

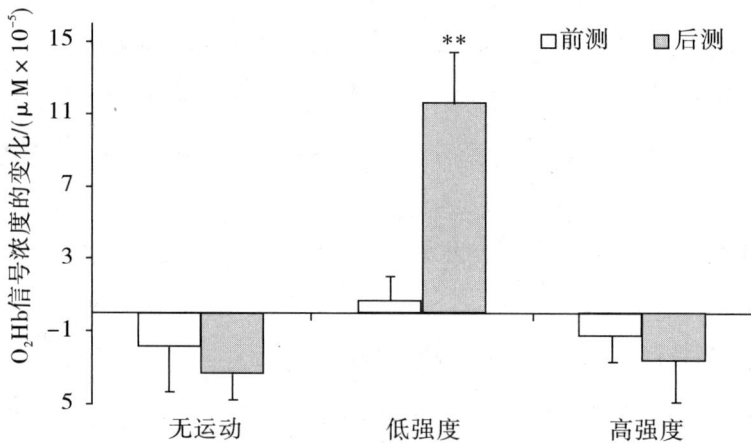

图 3-21　R-DLPFC 中的运动强度与测试次序交互作用图解

注：星号表示在同一种运动强度下，前测与后测之间存有显著性差异。其中，＊＊＊表示 $p < 0.001$，＊＊表示 $p < 0.01$，＊表示 $p < 0.05$，※表示 $p < 0.1$。

在 L-PFA 上，运动强度主效应显著，$F_{(2, 26)} = 10.322$，$p < 0.001$，偏 $\eta^2 = 0.443$，属于大效果量。测试次序主效应不显著，$F_{(1, 13)} = 1.916$，$p = 0.190$，偏 $\eta^2 = 0.128$，属于大效果量。运动强度与测试次序的交互作用不显著，$F_{(2, 26)} = 1.344$，$p = 0.278$，偏 $\eta^2 = 0.094$，属于中效果量。交互作用不显著，说明各组条件下，Stroop 干扰效应诱发的 O_2Hb 信号的变化趋势是一致的，即后测 O_2Hb 信号与前测 O_2Hb 信号无显著性差异（如图 3-22 所示）。

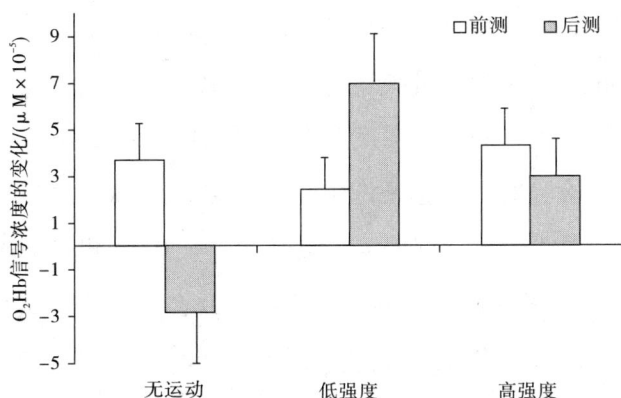

图 3 – 22 L-PFA 中的运动强度与测试次序交互作用图解

注: 星号表示在同一种运动强度下, 前测与后测之间存有显著性差异。其中, ＊＊＊表示 $p < 0.001$, ＊＊表示 $p < 0.01$, ＊表示 $p < 0.05$, ※表示 $p < 0.1$。

在 R-FPA 上, 运动强度主效应不显著, $F_{(2, 26)} = 1.439$, $p = 0.255$, 偏 $\eta^2 = 0.100$, 属于中效果量。测试次序主效应显著, $F_{(1, 13)} = 20.208$, $p = 0.001$, 偏 $\eta^2 = 0.609$, 属于大效果量。运动强度与测试次序的交互作用不显著, $F_{(2, 26)} = 0.881$, $p = 0.426$, 偏 $\eta^2 = 0.064$, 属于中效果量。交互作用不显著, 说明各组条件下, Stroop 干扰效应诱发的 O_2Hb 信号的变化趋势是一致的, 即都表现出后测 O_2Hb 信号高于前测 O_2Hb 信号 (如图 3 – 23 所示)。

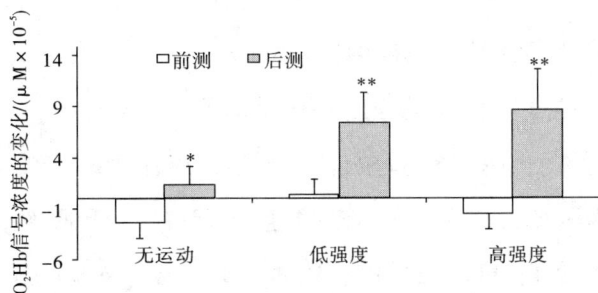

图 3 – 23 R-FPA 中的运动强度与测试次序交互作用图解

注: 星号表示在同一种运动强度下, 前测与后测之间存有显著性差异。其中, ＊＊＊表示 $p < 0.001$, ＊＊表示 $p < 0.01$, ＊表示 $p < 0.05$, ※表示 $p < 0.1$。

5. 并行范式下的行为数据分析

(1) Stroop 干扰效应的错误率。

表 3 – 23 呈现了不同运动强度和运动时间的 Stroop 任务错误率的描述统计结果。为了检验所有实验条件中是否均存在 Stroop 效应，本实验采用 3（运动强度：高强度、低强度、无运动）×10（测试次序：block 1，block 2，…，block 10）×2（Stroop 条件：一致、不一致）重复测量方差分析，主要检验 Stroop 条件的主效应。结果显示：Stroop 条件主效应显著，$F(1，13) = 24.880$，$p < 0.001$，偏 $\eta^2 = 0.657$，属于大效果量。Stroop 不一致条件的错误率（3.87 ± 7.42）高于一致条件的错误率（1.94 ± 4.74），说明在错误率指标上，所有实验条件都存在 Stroop 效应。

为进一步检验运动强度对 Stroop 任务的影响，本实验采用 Stroop 干扰效应指标进行分析。以 Stroop 干扰效应的错误率为因变量，做 3（运动强度：高强度、低强度、无运动）×10（测试次序：block 1，block 2，…，block 10）重复测量方差分析。结果显示：运动强度主效应不显著，$F(1.30，16.98) = 2.775$，$p = 0.107$，偏 $\eta^2 = 0.176$，属于大效果量；测试次序主效应显著，$F(9，117) = 3.313$，$p = 0.001$，偏 $\eta^2 = 0.203$，属于大效果量；运动强度与测试次序的交互作用不显著，$F(18，234) = 1.259$，$p = 0.217$，偏 $\eta^2 = 0.088$，属于中效果量。交互作用不显著，说明在错误率指标上，运动强度对 Stroop 干扰效应的变化不产生影响。

(2) Stroop 干扰效应的反应时。

表 3 – 24 呈现了不同运动强度和运动时间的 Stroop 任务反应时的描述统计结果。为了检验所有实验条件中是否均存在 Stroop 效应，本实验以 Stroop 反应时为因变量，做 3（运动强度：高强度、低强度、无运动）×10（测试次序：block 1，block 2，…，block 10）×2（Stroop 条件：一致、不一致）重复测量方差分析。

表 3-23 不同运动强度和运动时间的 Stroop 任务错误率的描述统计 （$M \pm SD$）

运动时间	无运动			低强度			高强度		
	不一致	一致	干扰效应	不一致	一致	干扰效应	不一致	一致	干扰效应
block 1	4.29±5.14	0.00±0.00	4.29±5.14	14.29±20.65	1.43±3.63	12.86±21.99	7.14±10.69	0.00±0.00	7.14±10.69
block 2	4.29±7.56	5.71±7.56	-1.43±8.64	2.86±4.69	1.43±3.63	1.43±6.63	4.29±7.56	1.43±3.63	2.86±9.14
block 3	1.43±3.63	0.00±0.00	1.43±3.63	8.57±14.06	2.86±4.69	5.71±16.51	4.29±7.56	2.86±7.26	1.43±11.67
block 4	2.86±7.26	1.43±3.63	1.43±8.64	8.57±6.63	1.43±3.63	7.14±7.26	2.86±4.69	5.71±10.89	-2.86±13.26
block 5	2.86±7.26	0.00±0.00	2.86±7.26	0.00±0.00	1.43±3.63	-1.43±3.63	4.29±5.14	1.43±3.63	2.86±7.26
block 6	1.43±3.63	1.43±3.63	0.00±5.55	4.29±5.14	2.86±4.69	1.43±6.63	7.14±7.26	1.43±3.63	5.71±5.14
block 7	0.00±0.00	0.00±0.00	0.00±0.00	5.71±7.56	4.29±5.14	1.43±8.64	5.71±7.56	4.29±7.56	1.43±11.67
block 8	0.00±0.00	0.00±0.00	0.00±0.00	2.86±4.69	5.71±10.89	-2.86±9.14	1.43±3.63	1.43±3.63	0.00±5.55
block 9	2.86±4.69	1.43±3.63	1.43±6.63	2.86±4.69	2.86±4.69	0.00±7.84	1.43±3.63	1.43±3.63	0.00±5.55
block 10	0.00±0.00	1.43±3.63	-1.43±3.63	4.29±5.14	2.86±4.69	1.43±6.63	4.29±7.56	1.43±3.63	2.86±9.14

表 3-24 不同运动强度和运动时间的 Stroop 任务反应时间的描述统计 （$M \pm SD$）

运动时间	无运动			低强度			高强度		
	不一致	一致	干扰效应	不一致	一致	干扰效应	不一致	一致	干扰效应
block 1	500.24 ± 93.46	381.51 ± 137.17	118.73 ± 65.24	504.88 ± 102.90	428.72 ± 97.86	76.16 ± 48.58	499.62 ± 118.66	423.30 ± 128.96	76.32 ± 43.90
block 2	513.59 ± 109.96	389.62 ± 103.89	123.96 ± 87.65	514.98 ± 185.32	451.72 ± 137.04	63.26 ± 64.80	495.17 ± 125.04	416.23 ± 100.72	78.94 ± 62.33
block 3	524.73 ± 110.89	415.25 ± 127.38	109.48 ± 64.04	496.64 ± 124.64	432.15 ± 124.24	64.49 ± 20.08	522.44 ± 98.21	422.74 ± 91.39	99.70 ± 18.64
block 4	512.04 ± 107.41	410.27 ± 100.11	101.77 ± 46.88	496.10 ± 103.11	430.32 ± 108.89	65.79 ± 66.10	515.69 ± 96.45	421.75 ± 111.54	93.93 ± 69.82
block 5	508.72 ± 77.64	403.78 ± 75.52	104.94 ± 48.69	499.70 ± 138.75	431.26 ± 162.51	68.45 ± 59.57	519.49 ± 120.62	421.28 ± 116.56	98.22 ± 40.99
block 6	520.65 ± 96.95	420.43 ± 111.35	100.22 ± 82.70	515.14 ± 153.40	437.07 ± 151.36	78.07 ± 29.11	518.52 ± 122.71	411.02 ± 119.00	107.49 ± 29.69
block 7	500.51 ± 120.05	392.46 ± 90.00	108.05 ± 81.95	511.73 ± 196.50	436.58 ± 136.57	75.14 ± 67.99	531.85 ± 127.59	414.62 ± 82.66	117.23 ± 50.31
block 8	488.04 ± 109.41	373.17 ± 105.86	114.88 ± 103.07	519.05 ± 115.53	441.56 ± 97.43	77.49 ± 29.34	547.65 ± 116.69	422.20 ± 91.57	125.45 ± 57.59
block 9	507.09 ± 97.28	401.42 ± 87.75	105.67 ± 48.36	517.05 ± 169.84	435.27 ± 96.50	81.78 ± 92.21	525.38 ± 118.77	394.20 ± 97.85	131.18 ± 44.06
block 10	490.54 ± 107.05	372.62 ± 101.63	117.92 ± 52.39	505.35 ± 143.88	423.10 ± 97.90	82.25 ± 57.30	502.18 ± 91.54	372.36 ± 89.19	129.82 ± 58.93

结果显示：Stroop 条件主效应显著，$F(1, 13) = 260.146$，$p < 0.001$，偏 $\eta^2 = 0.952$，属于大效果量。Stroop 不一致条件的反应时大于一致条件的反应时，说明在反应时指标上，所有实验条件都存在 Stroop 效应。

为进一步检验运动强度和运动时间对 Stroop 效应的影响，以 Stroop 干扰效应的反应时（不一致条件的反应时减去一致条件的反应时）为因变量，做 3（运动强度：高强度、低强度、无运动）× 10（测试次序：block 1，block 2，…，block 10）重复测量方差分析。结果显示：运动强度主效应显著，属于大效果量。事后多重均数比较发现，低强度运动干扰效应少于无运动条件和高强度运动，$p's < 0.001$。测试次序主效应不显著，属于小效果量；运动强度与测试次序的交互作用边缘显著，属于大效果量。方差分析结果及相关数据如表 3-25 所示。

表 3-25　运动强度和测试次序对 Stroop 干扰效应影响的方差分析结果

变异来源	SS	df	MS	F	偏 η^2	p
运动强度	108 173.056	1.390	77 822.342	6.519	0.334	0.005
误差（运动强度）	216 073.691	18.100	11 937.773			
测试次序	21 902.698	2.260	9 691.459	0.279	0.021	0.784
误差（测试次序）	1 018 818.99	29.330	34 736.413			
运动强度×测试次序	37 933.175	18	2 107.399	3.164	0.196	0.099
误差（运动强度×测试次序）	155 856.914	234	666.055			

简单效应检验的多重比较发现，在低强度运动和无运动条件下，各 block 之间无显著性差异；而在高强度运动条件下，block 1 与 block 6、block 1 与 block 8、block 1 与 block 9、block 1 与 block 10、block 2 与 block 7、block 2 与 block 9、block 2 与 block 10、block 3 与 block 9 两两之间存有差异，$p's < 0.05$（如图 3-24 所示）。

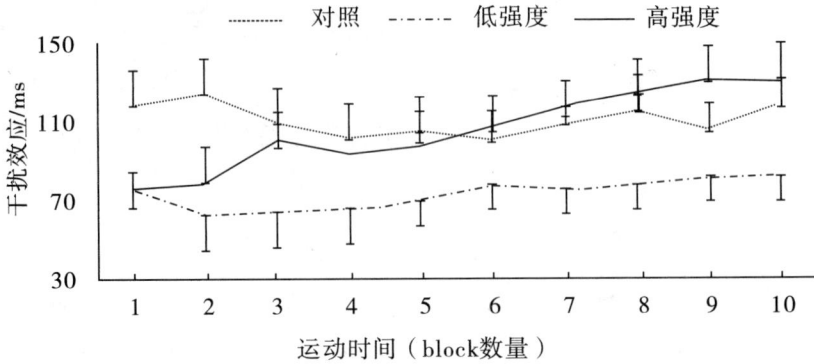

图 3 – 24　运动强度与运动时间的交互作用

6. 并行范式下的 fNIRS 数据分析

图 3 – 25 呈现了运动过程中，所有实验条件下，Stroop 任务中的一致条件与不一致条件诱发的 O_2Hb 信号整合波幅示意图。

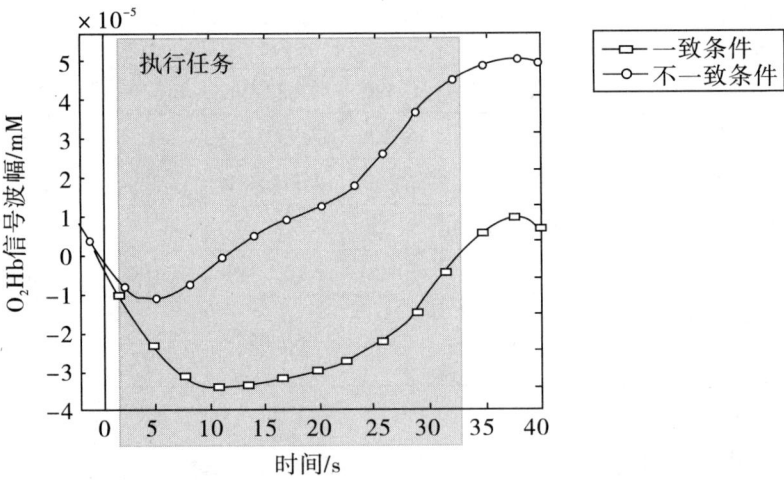

图 3 – 25　并行范式下，Stroop 任务一致条件与不一致条件下的 O_2Hb 信号的对比

从图 3 – 25 可知，不一致条件下的 O_2Hb 信号浓度要高于一致条件下的 O_2Hb 信号浓度（$p < 0.01$），这意味着与一致条件相比，不一致条件下的 Stroop 任务增加了更多的 O_2Hb 信号浓度，提高了前额叶激活水平，说

明在并行范式下，存在 Stroop 干扰效应。

与序列范式下的 fNIRS 分析数据相同，我们采用独立样本 t 检验，对每个通道不一致条件下的 O_2Hb 信号浓度与一致条件下的 O_2Hb 信号浓度进行差异性比较，结果发现有 12 个通道存在 Stroop 干扰效应，分别为 CH2、CH5、CH6、CH7、CH8、CH10、CH11、CH13、CH14、CH15、CH16、CH17。依据 fOLD 的定位准则，我们将 12 个通道划分为 4 个 ROIs，分别为 L-DLPFC（CH2、CH5、CH8）、R-DLPFC（CH10、CH15、CH17）、L-FPA（CH6、CH7、CH11）和 R-FPA（CH13、CH14、CH16）。

为了进一步检验在 4 个 ROIs 中，运动强度和运动时间对 Stroop 效应诱发的 O_2Hb 信号的影响（描述统计结果如表 3 – 26 所示）。我们对 4 个 ROIs 分别进行 3（运动强度：高强度、低强度、无运动）×10（测试次序：block 1，block 2，…，block 10）重复测量方差分析。因变量为 Stroop 干扰效应诱发的 O_2Hb 信号（不一致条件的 O_2Hb 信号减去一致条件的 O_2Hb 信号）。在重复测量方差分析过程中，若数据不满足球形检验，则采用 Greenhouse-Geisser 矫正自由度和 p 值。事后多重均数比较采用 LSD 法。

表3-26 不同运动强度和运动时间的Stroop干扰效应诱发的 O_2Hb 信号（$\mu M \times 10^{-5}$）的描述统计（$M \pm SD$）

运动时间	无运动				低强度				高强度			
	L-DLPFC	R-DLPFC	L-FPA	R-FPA	L-DLPFC	R-DLPFC	L-FPA	R-FPA	L-DLPFC	R-DLPFC	L-FPA	R-FPA
block 1	-0.10 ± 0.53	0.70 ± 0.74	0.19 ± 4.79	-0.45 ± 0.47	1.64 ± 1.00	1.50 ± 0.98	1.28 ± 1.40	1.68 ± 0.94	-1.63 ± 0.64	0.19 ± 0.85	0.00 ± 2.41	0.84 ± 0.85
block 2	-0.38 ± 0.91	-1.84 ± 1.13	-0.41 ± 5.45	0.35 ± 0.80	2.03 ± 0.17	0.44 ± 0.67	0.38 ± 1.78	0.33 ± 0.47	-1.49 ± 1.11	-1.29 ± 0.61	-2.54 ± 2.58	1.31 ± 0.85
block 3	-0.28 ± 0.89	0.68 ± 0.78	-0.60 ± 3.30	0.83 ± 0.66	2.34 ± 0.53	2.14 ± 1.19	-0.01 ± 1.53	1.62 ± 0.92	-0.84 ± 0.97	-0.50 ± 0.90	-1.19 ± 4.38	4.76 ± 1.05
block 4	0.03 ± 0.60	0.45 ± 0.46	-1.21 ± 4.97	1.03 ± 0.60	3.82 ± 0.98	0.66 ± 0.54	0.07 ± 2.55	-0.77 ± 0.79	-1.64 ± 0.75	2.82 ± 2.17	1.79 ± 5.02	2.96 ± 2.17
block 5	-0.07 ± 0.56	-0.63 ± 0.58	0.64 ± 3.03	-0.25 ± 0.22	2.46 ± 0.50	1.27 ± 1.04	-0.60 ± 1.66	-0.62 ± 0.92	0.20 ± 1.02	4.17 ± 0.78	1.30 ± 10.41	-0.65 ± 0.66
block 6	0.00 ± 1.39	1.92 ± 0.54	1.20 ± 1.89	0.93 ± 0.60	3.30 ± 0.60	1.23 ± 1.05	-0.11 ± 2.03	-2.19 ± 0.68	-0.81 ± 0.82	1.20 ± 0.83	0.82 ± 6.16	-0.67 ± 1.56
block 7	-0.85 ± 0.84	-1.51 ± 0.46	-1.02 ± 5.61	-0.69 ± 0.28	3.11 ± 0.46	4.29 ± 1.58	0.97 ± 3.72	-0.89 ± 0.48	-2.07 ± 0.82	-0.24 ± 0.72	0.68 ± 5.17	-0.66 ± 1.41
block 8	-0.09 ± 0.57	-2.01 ± 1.69	-0.85 ± 4.37	-0.02 ± 0.75	3.78 ± 0.89	-0.65 ± 1.22	1.33 ± 6.21	1.37 ± 1.61	0.48 ± 0.98	-1.97 ± 0.9	-0.19 ± 4.44	-2.55 ± 1.06
block 9	-1.37 ± 0.71	-0.15 ± 0.90	-0.03 ± 3.61	0.98 ± 0.90	3.61 ± 0.61	0.82 ± 0.32	2.00 ± 8.63	-1.13 ± 0.64	-0.89 ± 0.53	-1.27 ± 0.33	-0.77 ± 6.90	-1.87 ± 0.73
block 10	-1.09 ± 0.67	-0.66 ± 0.43	-0.97 ± 6.69	-1.75 ± 1.25	1.95 ± 0.37	1.55 ± 0.40	1.50 ± 2.10	-0.14 ± 0.65	1.03 ± 1.91	-1.96 ± 0.9	-2.88 ± 5.01	-1.74 ± 1.39

在 L-DLPFC 上，运动强度主效应显著，$F_{(2, 26)} = 34.288$，$p < 0.001$，偏 $\eta^2 = 0.725$，属于大效果量；事后多重均数比较发现，低强度运动的 O_2Hb 信号高于无运动条件和高强度运动，$p's < 0.001$。测试次序主效应不显著，$F_{(3.91, 50.82)} = 0.799$，$p = 0.618$，偏 $\eta^2 = 0.058$，属于小效果量。运动强度与测试次序的交互作用不显著，$F_{(18, 234)} = 1.080$，$p = 0.373$，偏 $\eta^2 = 0.077$，属于中效果量。交互作用不显著，说明在不同运动强度条件下，在 L-DLPFC 上由 Stroop 干扰效应诱发的 O_2Hb 信号不会随着时间延长而发生变化（如图 3 - 26 所示）。

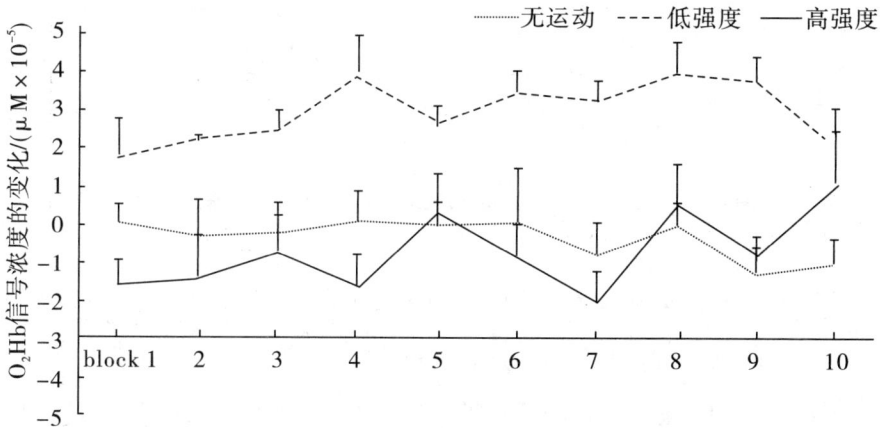

图 3 - 26　L-DLPFC 中的运动强度与运动时间交互作用图解

在 R-DLPFC 上，运动强度主效应显著，$F_{(2, 26)} = 5.343$，$p = 0.011$，偏 $\eta^2 = 0.291$，属于大效果量；事后多重均数比较发现，低强度运动的 O_2Hb 信号高于无运动条件和高强度运动，$p's < 0.001$。测试次序主效应显著，$F_{(9, 117)} = 3.046$，$p = 0.003$，偏 $\eta^2 = 0.190$，属于大效果量。整体而言，随着运动时间延长，O_2Hb 信号有下降趋势。运动强度与测试次序交互作用显著，$F_{(18, 234)} = 2.919$，$p < 0.001$，偏 $\eta^2 = 0.183$，属于大效果量。简单效应检验的多重比较发现，在高强度运动条件下，block 5 显著

高于其他多组 (block 1 ~ 3、block 6 ~ 10) 的 O_2Hb 信号；在低强度运动条件下, block 7 显著高于其他多组 (block 1、block 3 ~ 6、block 9 ~ 10) 的 O_2Hb 信号。可见, 随着运动时间延长, 高和低强度的 O_2Hb 信号先上升后下降, 呈现倒 U 形趋势。而无运动条件则无现象 (如图 3 - 27 所示)。

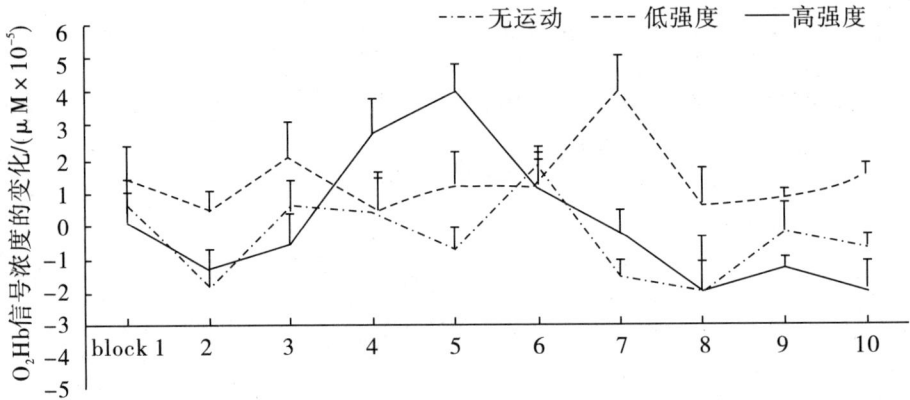

图 3 - 27　R-DLPFC 中的运动强度与运动时间交互作用图解

在 L-FPA 上, 运动强度主效应不显著, $F(2, 26) = 1.714$, $p = 0.201$, 偏 $\eta^2 = 0.201$, 属于中效果量；测试次序主效应不显著, $F(9, 117) = 0.908$, $p = 0.521$, 偏 $\eta^2 = 0.07$, 属于中效果量。运动强度与测试次序的交互作用不显著, $F(18, 234) = 1.286$, $p = 0.199$, 偏 $\eta^2 = 0.097$, 属于中效果量。各主效应和交互作用都不显著, 说明在 L-FPA 上由 Stroop 干扰效应诱发的 O_2Hb 信号不受运动强度和运动时间的影响 (如图 3 - 28 所示)。

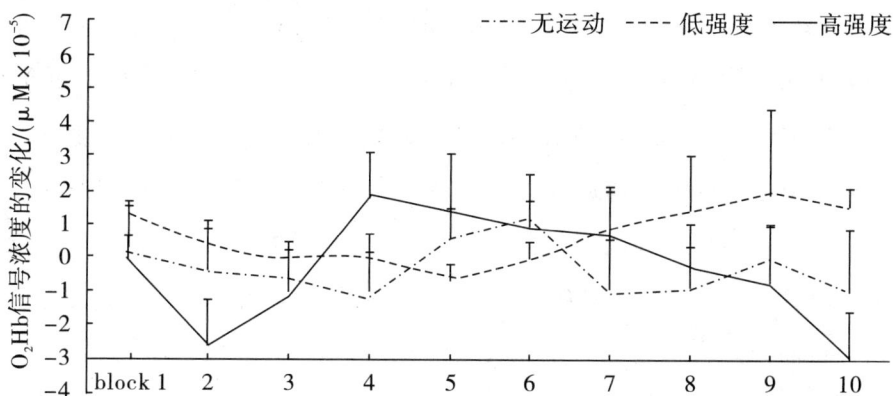

图 3 - 28 L-FPA 中的运动强度与运动时间交互作用图解

在 R-FPA 上，运动强度主效应不显著，$F(1.28, 16.61) = 0.139$，$p = 0.871$，偏 $\eta^2 = 0.011$，属于小效果量；测试次序主效应显著，$F(9, 117) = 4.338$，$p < 0.001$，偏 $\eta^2 = 0.250$，属于大效果量。整体而言，随着运动时间延长，O_2Hb 信号有下降趋势。运动强度与测试次序的交互作用显著，$F(18, 234) = 2.354$，$p = 0.002$，偏 $\eta^2 = 0.153$，属于大效果量。简单效应检验的多重比较发现，在高强度运动条件下，运动前期的 block 2 ~ 4 的 O_2Hb 信号显著高于运动后期的 block 9 ~ 10，说明随着运动时间延长，O_2Hb 信号有下降趋势；低强度和无运动条件则无现象（如图 3 - 29 所示）。

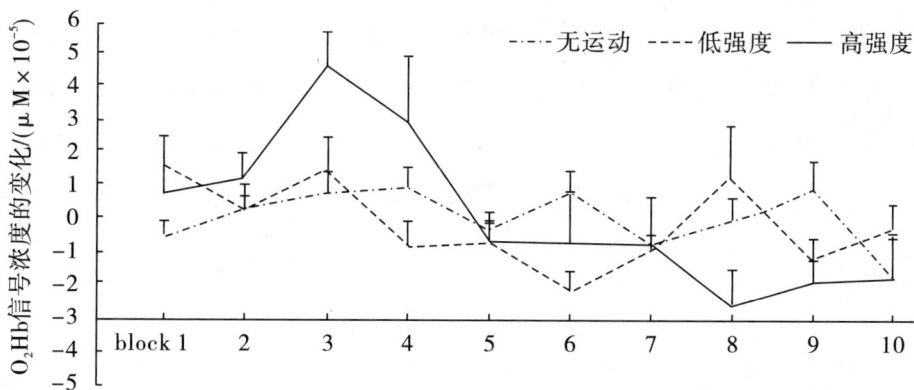

图 3 - 29 R-FPA 中的运动强度与运动时间交互作用图解

7. 运动前、中和后行为与 fNIRS 数据分析

为了比较运动前、中、后测的 Stroop 干扰效应的变化趋势，我们将运动过程中 10 个 blocks 的干扰效应的平均值作为运动过程中的 Stroop 干扰效应，做 3（运动强度：高强度、低强度、无运动）×3（运动时程：前测、中测、后测）重复测量方差分析。结果显示：运动强度与测试次序的交互作用显著，$F(4, 52) = 2.702$，$p = 0.040$，偏 $\eta^2 = 0.172$，属于大效果量。然后进行简单效应检验的多重比较，结果显示：①高强度运动前、中、后测的两两测量之间无显著性差异（$p > 0.05$）；②低强度运动的前测干扰效应显著高于中测（$p < 0.001$）和后测（$p = 0.002$）；③无运动条件的前测干扰效应显著高于中测（$p = 0.001$），边缘显著高于后测（$p = 0.089$），其他两两测量之间无显著性差异。

针对上述运动前、中、后测的 Stroop 干扰效应的变化趋势，我们进一步比较在 4 个 ROIs 中，运动前、中、后测的 Stroop 干扰效应诱发的 O_2Hb 信号变化趋势。采用重复测量方差分析和简单效应检验，结果显示：①在 L-DLPFC 上，高强度运动前测的 O_2Hb 信号高于中测的信号（$p = 0.019$）；低强度运动的 O_2Hb 信号两两测量之间均存有显著性差异，从高到低依次为运动中测、运动后测、运动前测；而无运动条件中测的 O_2Hb 信号高于后测的信号（$p = 0.023$）。其他两两测量之间无显著性差异。②在 R-DLPFC 上，低强度运动前测的 O_2Hb 信号低于中测的信号（$p = 0.025$）和后测的信号（$p = 0.020$）。其他两两测量之间无显著性差异。③在 L-FPA 上，低强度运动前测的 O_2Hb 信号低于后测的信号（$p = 0.037$），中测边缘的信号显著低于后测的信号（$p = 0.067$）。其他两两测量之间无显著性差异。④在 R-LPA 上，低强度运动后测的 O_2Hb 信号高于前测的信号（$p = 0.015$）和中测的信号（$p = 0.022$），高强度运动后测的 O_2Hb 信号高于前测的信号（$p = 0.027$）。其他两两测量之间无显著性差异。

（四）讨论

本实验运用 fNIRS 技术，同时采用序列范式和并行范式，考察运动强

度和运动时程对认知自我控制影响的剂量效应及其脑机制。应指出的是，在本研究范式框架下，运动前测与后测之间的比较属于序列范式，而运动过程中 10 个 blocks 之间的比较属于并行范式，这两种范式涉及不同的理论解释和脑机制。故本研究重点概述序列范式和并行范式的研究成果。

在序列范式下，行为数据结果可概括为 3 点：①高强度运动条件下，后测与前测的 Stroop 干扰效应无差异，同时干扰效应减少量与无运动条件减少量无显著性差异。这表明高强度急性有氧运动对认知自我控制不产生影响。②低强度运动条件下，后测的 Stroop 干扰效应显著少于前测的干扰效应，而且这种干扰效应减少量多于无运动干扰效应的减少量。这表明低强度急性有氧运动提升了认知自我控制。③无运动条件下，后测的 Stroop 干扰效应少于前测的干扰效应，达到边缘显著水平。这表明无运动条件下可能存在练习效应，提升了认知自我控制。fNIRS 数据结果可概括为 3 点：①在 L-DLPFC 和 R-DLPFC 两个脑区中，低强度运动可显著提升 O_2Hb 信号，高强度运动和无运动条件则不会影响 O_2Hb 信号。②在 L-FPA 脑区，高强度、低强度运动和无运动条件都不能提升 O_2Hb 信号。③在 R-FPA 脑区，高强度、低强度运动和无运动条件都能提升 O_2Hb 信号。

可见，行为数据结果"低强度运动能够提升自我控制，而高强度运动不影响自我控制"与 fNIRS 数据结果"L-DLPFC 和 R-DLPFC 两个脑区中，低强度运动可显著提升 O_2Hb 信号，而高强度运动不会影响 O_2Hb 信号"表现出同步性，支持了研究假设 1 和假设 2。

在并行范式下，行为数据结果可概括为 3 点：①高强度运动条件下，运动前期（block 1 ~ 3）的 Stroop 干扰效应要少于运动后期（block 7 ~ 9）的干扰效应，这表明随着运动时间延长，Stroop 干扰效应逐渐增加，即认知自我控制下降。②低强度运动条件下，随着运动时间延长，Stroop 干扰效应不发生变化，即认知自我控制不受运动时间的影响。③整体而言，低强度运动条件下的干扰效应要少于无运动和高强度运动条件下的干扰效应，说明低强度运动可提升认知自我控制。fNIRS 数据结果可概括为 3 点：①在

L-DLPFC脑区，相比于高强度运动和无运动条件，低强度运动的 O_2Hb 信号显著提升，且保持在较稳定水平，不随运动时间发生变化。②在 L-FPA 脑区，高强度、低强度和无运动条件均不影响 O_2Hb 信号。③在 R-DLPFC 和 R-FPA 两个脑区中，高强度运动前期的 O_2Hb 信号显著高于运动后期的 O_2Hb 信号，说明随着运动时间延长，O_2Hb 信号有下降趋势。

可见，行为数据结果"低强度运动会提升自我控制，且不随着运动时间的延长而发生变化"与 fNIRS 数据结果"在 L-DLPFC 脑区，低强度运动的 O_2Hb 信号显著提升，且保持在较稳定水平，不随运动时间发生变化"表现出同步性，支持了研究假设 3。此外，行为数据结果"高强度运动条件下，随着运动时间的延长，自我控制下降"与 fNIRS 数据结果"在 R-DLPFC和R-FPA 脑区，高强度运动条件下，随着运动时间延长，O_2Hb 信号有下降趋势"表现出同步性，支持了研究假设 4。

综上可知，急性有氧运动与自我控制之间存有复杂关系，是多种因素共同作用的结果。若要完整地解读这一复杂关系背后的作用机制，仅仅依靠现有的某一理论是远远不够的，需采用整合理论观点才能更好地揭示急性有氧运动对自我控制影响的脑机制，具体阐述详见总讨论部分。

第四章 总讨论：自我控制
能量恢复、溢出及脑机制

自我控制在日常生活中扮演着不可或缺的重要角色，是个体抵制诱惑，形成健康生活方式，甚至提高社会地位和增加个人财富的重要品质或资源（Baumeister et al. , 2007）。如何提升自我控制引起研究者的广泛关注，例如在运动心理学领域，不少研究者探讨了急性有氧运动对自我控制的影响，取得了一些有价值的研究结果，但也存在着不少分歧。

正如前文所述，我们认为，产生这些分歧结果的原因可能在于该领域中以往研究在自我控制的研究内容、研究设计和脑机制探讨三个方面存有改善空间。为了弥补这些不足，本书依据多角度的研究思想，采用序列和并行两种研究范式，设计不同强度的有氧运动方案，较深入系统地考察了急性有氧运动对自我控制的影响及其脑机制。主要研究结果如表4-1所示。

表4-1　急性有氧运动对自我控制影响的主要实验结果

研究	实验与目的	主要实验结果
研究一：序列范式下急性有氧运动对自我控制的影响	实验1：探讨运动强度对认知自我控制影响的剂量效应	运动强度对认知自我控制的影响存在剂量效应，这种效应为倒U形关系。即中、低强度运动提升了认知自我控制，高强度急性有氧运动却降低了认知自我控制
	实验2：探讨运动强度对疼痛自我控制影响的剂量效应	运动强度对疼痛自我控制的影响存在剂量效应，这种效应为逐渐提升趋势。即所有实验条件下，疼痛自我控制都有提升，且随着运动强度的增加，疼痛自我控制增量呈提升趋势

（续上表）

研究	实验与目的	主要实验结果
	实验 3：探讨运动强度对行为自我控制影响的剂量效应	运动强度对行为自我控制的影响存在剂量效应，这种效应为逐渐下降趋势。即中、低强度运动提升了行为自我控制，高强度运动则不会影响行为自我控制，且随着运动强度的增加，行为自我控制呈下降趋势
研究二：并行范式下急性有氧运动对自我控制的影响	实验 4：探讨运动强度和运动时间对认知自我控制影响的剂量效应	在运动前期，高、中和低强度运动均可提升认知自我控制；而在运动后期，各种运动强度作用不一，即高强度运动会降低认知自我控制，中、低强度运动会提升认知自我控制
研究三：急性有氧运动对自我控制影响的脑机制	实验 5：采用 fNIRS 技术，探讨运动强度和运动时程对认知自我控制影响的剂量效应及其脑机制	序列范式下，低强度运动会提升认知自我控制，高强度运动则不影响认知自我控制，而且这种行为表现与 L-DLPFC 和 R-DLPFC 的脑激活模式表现出同步性。并行范式下，低强度运动会提升认知自我控制，且不随运动时间延长而发生变化，这与 L-DLPFC 的脑激活模式表现出同步性；高强度运动在运动前期会提升认知自我控制，在运动后期则会损害认知自我控制，这与 R-DLPFC 和 R-FPA 的脑激活模式表现出同步性

第一节　序列范式下的自我控制能量恢复

如前文所述，在序列范式下，大量研究考察了急性有氧运动对认知自我控制的影响，并取得较一致的研究成果——中等强度急性有氧运动有利于提升认知自我控制。应指出的是，"大脑训练"的脑机制研究表明，自我控制至少可分为认知、情绪和行为三种成分，且它们分别涉及不同脑区（Berkman et al.，2012）。然而，以往研究主要聚焦于急性有氧运动对认知自我控制的影响，有关急性有氧运动对情绪、行为自我控制影响的研究鲜见报告。鉴于此，本书设计了 3 个实验（即实验 1、实验 2 和实验 3），通过不同强度的急性有氧运动方案，系统考察急性有氧运动的强度对认知、疼痛（情绪）和行为自我控制影响的剂量效应。

一、认知自我控制的能量恢复

以往不少研究探讨了急性有氧运动的强度对认知自我控制影响的剂量效应，获得了一些可喜的研究成果，比如进行中等强度运动 10 ~ 20min，强度在 40% ~ 70% 最大摄氧量之间，有利于提升认知自我控制的成绩（McMorris & Hale，2012），但运动时间超过 60min，则会损害认知自我控制的成绩（Moore et af.，2012）。若运动强度超过 70% 最大摄氧量，运动强度对认知自我控制任务的影响取决于任务类型和难度，比如会提高学习型任务成绩（Griffin et al.，2011），却降低工作记忆任务成绩（Tempest et al.，2017）。然而，以往研究较少在同一实验范式下比较不同运动强度的作用效果，也未对这些不同的研究结果做出合理的理论解释。鉴于此，实验 1 在同一实验范式下考察了高、中和低强度的急性有氧运动对认知自我控制的影响。

怎样测量执行功能或认知自我控制表现是一个复杂的问题，如何设计有效任务并采用合适指标来测量"纯净"的自我控制表现是研究者需考虑的首要问题之一（Audiffren & André，2015；Jurado & Rosselli，2007）。实验 1 运用信效度较高的 Stroop 任务（Stroop，1935），并采用 Stroop 干扰效应指标（不一致条件的成绩减去一致条件的成绩）来测量执行功能中的抑制控制成分，以此获得较"纯净"的认知自我控制表现。实验 1 结果显示，在 Stroop 错误率指标上虽然存在 Stroop 干扰效应，但运动强度对 Stroop 干扰效应的错误率不产生影响。其原因可能是错误率指标存在地板效应，不是测量认知自我控制的良好指标。事实上，在采用 Stroop 任务、Flanker 任务和 Simo 任务来衡量执行功能时，有研究者推荐采用反应时指标（McMorris & Hale，2012）。

Stroop 干扰效应的反应时指标结果显示：中、低强度急性有氧运动提升了认知自我控制；高强度急性有氧运动却降低了认知自我控制。这说明急性有氧运动的强度对认知自我控制影响存在剂量效应，且这种效应不是线性关系，而是倒 U 形关系。具体表现为：从低强度到中等强度运动这一强度区间，认知自我控制逐步提升；而从中等强度到高强度运动这一强度区间，认知自我控制却逐渐下降。这一实验结果支持"第二章第二节 以往研究的不足"中有关急性有氧运动分类的观点：只有低意志努力的急性有氧运动才可提升认知自我控制，高意志努力的急性有氧运动则会降低认知自我控制。

实验 1 的倒 U 形关系与以往元分析和实验结果相一致（Chmura & Nazar，2010；McMorris & Hale，2012；王莹莹、周成林，2014）。例如，McMorris 和 Hale（2012）对急性有氧运动对认知功能的影响进行元分析。结果显示，低强度和高强度运动的平均效果量与中等强度运动的平均效果量之间有显著性差异。其中，中等强度运动的效果量 $g = 0.30$，属于小到中等效果量；而高强度运动和低强度运动的效果量非常小，与 0 没有实际差别，从而支持了急性有氧运动与认知功能呈倒 U 形关系的观点。此外，王莹莹和周成林（2014）采用 Go/no-go 任务来测量认知自我控制，并设定了高、中和低强度三种急性有氧运动方案，结果发现运动强度与认知自我控制亦呈倒 U 形关系。应指出的是，在王莹莹和周成林（2014）的实验中，没有测量运动干预前 Go/no-go 任务的成绩，而仅仅测量了运动干预后 Go/no-go 任务的成绩。这种实验设计存有一定不足，例如不同运动强度的任务成绩可能受个体组间差异（随机误差）的影响。更重要的是，他们的实验无法评价急性有氧运动前后 Go/no-go 任务成绩的变化情况，即不能进行组内比较，也不能判定被试在某种强度运动后，认知自我控制是提升了、下降了还是不发生变化。鉴于此，实验 1 采用更科学的实验前后测设计，结果发现，与前测相比，低强度和中等强度运动条件下，认知自我控制均得到提升；高强度运动条件下，认知自我控制却下降，低于基线水平；而对照组前后测的认知自我控制未发生变化。那么这种倒 U 形关系的内在机制是什么呢？研究者采用不同理论观点来解释这种现象。

倒 U 形理论观点认为，急性有氧运动的强度对认知自我控制影响的剂量效应，主要源于诱发的唤醒水平不同（McMorris & Graydon，2000）。具体表现为：高强度和低强度运动诱发的唤醒过高或过低，致使认知自我控制成绩不高；而中等强度运动诱发最佳唤醒水平，致使认知自我控制水平达到最大值。依据该观点可认为，本研究的"从低强度到中等强度，认知自我控制逐步提升"这一结果是由于唤醒水平逐渐提高，当中等强度的唤醒水平达到最佳认知时，认知自我控制也达到最大值。"从中等强度到高强度，认知自我控制逐步下降"这一结果是唤醒水平从最佳到过高导致，认知自我控制从而降低。应指出的是，倒 U 形理论强调当唤醒水平过高时，会使认知自我控制成绩降低至与原有的基线持平。可见，该理论不能完全解释"高强度急性运动下认知自我控制会下降至低于基线水平"这一结果。鉴于此，我们认为急性有氧运动过程中，除了运动能诱发唤醒水平之外，还可运用自我控制的力量模型（Baumeister et al.，2007）中自我控制的能量损耗观点来进一步阐释急性有氧运动与认知自我控制之关系。

自我控制的力量模型（Baumeister et al.，2007）认为，所有的自我控制行为均共用同一资源库，且能量有限，先前自我控制任务所消耗的能量若得不到立刻恢复，就会进入自我损耗（ego-depletion）状态，进而降低后续自我控制任务的成绩。为此，在运用自我控制的力量模型来解释急性有氧运动与认知自我控制之关系时，首要因素是明确急性有氧运动是否会消耗自我控制资源。如果急性有氧运动需要消耗自我控制资源（比如高强度、长时间和不舒服的运动），那么可预测急性有氧运动会降低后续的自我控制任务成绩；如果急性有氧运动不需要消耗自我控制资源（比如低强度、短时间和轻松愉快的运动），那么后续的自我控制任务成绩不会下降。本研究的高强度运动的平均心率为 156.86 ± 2.90（次/分钟），主观用力感为 16.01 ± 1.81，属于比较费劲水平；心境状态分数为 3.40 ± 0.58，低于平均值 3.5 分。这些指标与中、低强度的相应指标存有显著性差异。这提示高强度运动属于高意志努力任务,需要消耗自我控制资源,致使个体后续无足够自我控制资源来完成 Stroop 任务,出现了损耗状态,自我控制水平下降至低于基线水平。可见,自我控制的力量模型为高强度运动损害自我控制提供了另一种机制观点。然而,自我控制的力量模型主要关注认知自我控制失败的背后机制,却忽视了自我控制提升的作用机制,致使该理论对解释本实验结果"中、低强度运动提升认知自我控制"存有局限性。为了解释急性有氧运动后自我控制的提升效应,极其有必要拓展自我控制的力量模型。

自我控制的力量模型认为,自我控制能量恢复类似于肌肉力量的恢复,如果损耗任务与探测任务间隔时间较长,使个体自我控制能量得到充分恢复,那么自我损耗效应就会减少甚至消失(Baumeister et al.,2007)。例如,有研究发现,自我损耗存在双任务的间隔的"时间剂量效应",随着间隔时间延长(1min、3min 和 10min),自我损耗效果量逐渐减少(Tyler & Burns,2008)。据此,我们将急性有氧运动之后到执行自我控制任务之前(5~10min)这一段时间窗口界定为能量恢复时期,并提出一个新的假设观点——自我控制能量恢复观点。该观点认为,执行完急性有氧运动任务后,被试进入自我控制能量恢复阶段。恢复状态可分成能量低下、能量恢复和超量恢复三个层次。类似于运动训练后肌肉力量恢复过程中,肌肉中糖原储备呈现的能量低下、能量恢复、超量恢复三个特点(陈小平,2017)。需说明的是,自我控制的能量恢复状态比肌肉恢复要复杂,会受运动负荷的强度、恢复时间、后续自我控制任务的特性以及个体身体素质等众多因素影响。

实验 1 的中、低强度急性有氧运动会引起一系列生理变化,它不仅会改善心率来增强脑血流量,提高脑代谢水平(如分泌 NA 和 DA 等神经化学递质),而且在前额叶会募集更多的神经元参与自我控制任务(Huang et al.,2014;Knaepen et al.,2010;赵鑫、李冲,2017),这些因素都有利于自我控制能量的超量恢复，使个体有富余的能量来执行后续的自我控制任务，进而提升自我控制。而高强度运动条件下，即使存在这些有利因素，但因自我控制能量消耗过多，在短时间内尚未恢复过来，个体处在"能量低下"状态，致使无足够能量来执行后续的自我控制任务，进而损害了自我控制。可见，自我控制能量恢复观点可较好地解释本研究中急性有氧运动的强度对认知自我控制影响的倒 U 形关系。

二、疼痛自我控制的能量恢复

疼痛是一种主观、不愉悦的体验，它涉及感觉和情绪等复杂成分。疼痛刺激会唤醒一般自主神经系统，例如改变呼吸频率、使肌肉紧张、增强皮肤电、扩大瞳孔等，致使个体产生害怕疼痛情绪，并有逃离疼痛刺激的倾向（Kyle & McNeil，2014）。在冷压疼痛忍耐测试中，被试为了克服这种"自下而上"害怕疼痛的情绪和逃离倾向，需要使用自我控制资源来克制疼痛感或转移注意力（Legrain et al.，2009）。因此，冷压疼痛忍耐任务的忍耐时间可作为情绪自我控制的指标之一（Oosterman et al.，2010；Zou et al.，2016）。当然，疼痛还可能会影响到个体的注意和记忆等认知功能（孟景 等，2011），以及涉及行为自我控制，比如自动化地避免疼痛（Zou et al.，2016）。

那么，冷压疼痛忍耐任务会诱发哪些不愉快的情绪体验呢？为了回答这一问题，我们做了一个补充实验。补充实验中共有 30 名被试，其中男 16 名，女 14 名，年龄（20.17 ± 1.12）岁。采用单因素重复测量设计。在实验之前，被试需要完成中文版的 McGill 疼痛问卷中的情绪体验维度测试（Melzack，1975；李君等，2013）。该维度共包括"疲惫 – 无力""令人厌恶的""害怕""折磨 – 惩罚感" 4 个条目，采用 Linkert 11 级评分，0~10 分表示"无至最剧烈"。接着按照实验 2 的程序进行冷压疼痛忍耐测试。冷压疼痛忍耐测试结束后，被试再次填写 McGill 疼痛问卷。实验结果显示，经过冷压疼痛忍耐任务后，被试的 4 个消极情绪均得到提升。具体表现为："疲惫－无力"的后测分数（5.30±1.12）显著高于前测分数（2.40±1.04），$p<0.001$；"令人厌恶的"的后测分数（5.67±0.99）显著高于前测分数（2.23±0.97），$p<0.001$；"害怕"的后测分数（6.03±1.19）显著高于前测分数（2.03±1.03），$p<0.001$；"折磨－惩罚感"的后测分数（5.73±1.01）显著高于前测分数（2.07±0.98），$p<0.001$。这提示冷压疼痛忍耐任务至少可诱发"疲惫－无力""令人厌恶的""害怕""折磨－惩罚感"4种消极情绪。

面对冷压疼痛忍耐任务所诱发的各种消极情绪，被试需要自我控制资源才能在任务中忍耐较长时间。如何提升疼痛自我控制是本研究关注的主要问题之一，为此，实验2考察了高、中和低强度急性有氧运动对疼痛自我控制的影响。结果显示：①所有运动条件（高强度、中等强度、低强度）以及对照组的疼痛自我控制均得到提升；②所有运动条件（高强度、中等强度、低强度）下的疼痛自我控制增量显著高于对照组增量；③随着运动强度的增加，疼痛自我控制增量有提升趋势。这提示急性有氧运动的强度对疼痛自我控制的影响存在剂量效应，但这种剂量效应不同于实验1的倒U形关系，而是逐渐提升关系。有研究者认为在有氧运动过程中，特别是高强度有氧运动，可提高被试的体温，使其在冷压疼痛忍耐任务中忍耐更长的时间（Foxen-Craft & Dahlquist，2017）。鉴于此，实验2要求被试在冷压疼痛忍耐测试前，将手放入32℃的温水中1分钟，可减少或排除体温对后续任务的影响。可见，急性有氧运动的强度对疼痛自我控制的影响呈逐渐提升趋势，其主要原因可能是疼痛忍耐作为一种复杂的自我控制，受诸多因素的影响。

大量研究表明，运动后个体对痛觉刺激的敏感性会减弱（Foxen-Craft & Dahlquist，2017；Naugle，et al.，2012），这种现象称为运动诱发痛觉减退（Exercise-induced hypoalgesia，简称 EIH）。一项以痛觉阈限和痛觉强度为指标的元分析的结果显示，有氧运动的痛觉减弱为中等效果量，$d_{痛觉阈限}=0.41$，$d_{痛觉强度}=0.59$；动态抗阻运动的痛觉减弱为大效果量，$d_{痛觉阈限}=$

0.83，$d_{痛觉强度} = 0.75$；而等长运动的痛觉减弱表现为更大的效果量，$d_{痛觉阈限} = 1.02$，$d_{痛觉强度} = 0.72$（Naugle et al.，2012）。这说明不同的运动训练方式会产生不同效果的痛觉减弱。还有研究者通过设置不同运动强度来探讨运动的艰难感对痛觉减弱的影响。如在等长训练任务中，发现高强度的运动任务比低强度的运动任务更能产生痛觉减弱效应（Hoeger Bement, et al, 2008）。有氧运动任务中也发现类似效应：高、低强度的骑功率自行车均可产生痛觉减弱效应，但高强度任务比低强度任务更能产生痛觉减弱效应（Ellingson et al.，2014）。当然，也有研究发现运动的艰难感与痛觉减弱无关联（Stolzman & Bement，2016）。这提示运动过程中的艰难感是否为痛觉减弱的首要因素目前尚无定论。

本研究探讨急性有氧运动的强度对疼痛忍耐时间的影响。结果显示，无论高强度、中等强度还是低强度运动均可增加疼痛忍耐时间，而且随着运动强度增加，疼痛忍耐时间有增加趋势。中、低强度运动诱发的是积极情绪，而不是消极情绪，但实验结果却显示其仍可增加疼痛忍耐时间，因此，我们认为，除了高强度运动诱发的消极情绪（艰难感）能增加疼痛忍耐时间，中、低强度运动诱发的积极情绪亦可增加疼痛忍耐时间。可见，急性有氧运动增强疼痛忍耐时间，提高疼痛自我控制，可能涉及更复杂、更高级的系统。

在自我控制能量观点的框架下，我们认为，中、低强度急性有氧运动提升疼痛自我控制的效应可归因为被试处在"超量恢复"状态（如同实验1）。虽然高强度运动会消耗更多的自我控制能量，但因其诱发的艰难感对后续疼痛忍耐任务有积极作用，促使被试在执行疼痛忍耐任务时可快速恢复自我控制能量，进而提升了疼痛自我控制。

三、行为自我控制的能量恢复

实验3采用握手柄任务的耐力时间来测量行为自我控制，考察了高、中和低强度急性有氧运动对行为自我控制的影响。结果显示，中、低强度急性有氧运动提升了行为自我控制；高强度急性有氧运动不影响行为自我控制。这说明急性有氧运动的强度对行为自我控制的影响存在剂量效应，随着运动强度增加，行为自我控制呈逐渐下降趋势。可见，实验 3 的结果基本上支持本书提出的急性有氧运动分类的观点——"只有低意志努力的急性有氧运动才可提升自我控制，高意志努力的急性有氧运动则会损害（或不影响）自我控制"。然而，实验 3 的急性有氧运动与行为自我控制之关系既不同于实验 1 中认知自我控制的倒 U 形关系，也不同于实验 2 中疼痛自我控制的逐渐提升关系，而是呈逐渐下降趋势。我们认为，导致这些不一致的结果与握手柄任务的性质有关，具体阐释如下：

握手柄任务要求被试尽可能长时间地紧握手柄，表面上是消耗手臂的肌肉力量和耐力，实际上是要求克服手臂疲劳感和放弃任务的冲动，即检测心理坚韧性。该任务具有较好的实验目的隐蔽性，故常被用于测量行为自我控制（Bray et al.，2013；Hagger et al.，2010a；Muraven et al.，1998）。田麦久和刘筱英（1984）曾采用项群分类，将运动项目分为体能型和技能型运动项目。体能型运动项目包括速度力量型和耐力型，要求个体有较好的耐力、力量和速度等身体素质；而技能型运动项目包括表现型和对抗型，要求个体有精细的肌肉活动、精湛的运动技能、良好的协调性和稳定性。依据该项群分类，实验 3 的骑功率自行车任务和握手柄任务都属于体能型运动项目，共用耐力的自我控制资源。在自我控制力量模型的双任务范式的视野下，实验 3 的任务范式不太符合"损耗任务与探测任务来自不同领域"的要求（Baumeister et al.，2007），而实验 1 和实验 2 则符合这一要求。

此外，实验 3 后续的握手柄任务只需执行 1 ~ 3min；而实验 1 后续的 Stroop 任务需执行 10min 左右，这些因素都可能导致实验 3 中高强度运动条件下的结果与前两个实验（实验 1 和实验 2）不同。

在自我控制能量恢复观点的框架下，我们认为，中、低强度急性有氧运动提升行为自我控制可归因为被试处在"超量恢复"状态（如同实验 1

和实验2）。虽然高强度运动会消耗更多的自我控制能量，但后续握手柄任务难度不如实验1的Stroop任务，而且握手柄任务与急性有氧运动属于耐力型任务，故可使能量较快地恢复到基线水平，致使高强度急性有氧运动对自我控制不产生影响。

综上3个实验（实验1、2、3）的结果，我们将急性有氧运动的强度对自我控制影响的剂量效应的核心内容概括为两点：①中、低强度运动对不同类型自我控制的影响效果相同，即中、低强度运动均可提升认知、疼痛和行为自我控制。②高强度运动对不同类型自我控制的影响效果不一，具体表现为：高强度运动既可降低认知自我控制，亦可提升疼痛自我控制，但对行为自我控制不产生影响。这些不同结果可采用自我控制能量恢复观点的能量低下、能量恢复和超量恢复三个层次做出合理的解释。

四、运动后的情绪状态与自我控制之关系

不少研究发现，运动与积极情绪相关。其原因可归结于运动会诱发一系列生理反应，提高脑代谢水平，促进NA、DA等神经递质的释放（Huang et al.，2014；Knaepen et al.，2010；赵鑫、李冲，2017），这些神经化学递质改变也会影响个体的情绪状态。例如，一项元分析结果显示，个体进行10～30min低强度运动和20～30min中等强度以上运动均可诱发较大效果量的积极情绪（Reed & Ones，2006）。

此外，不少研究显示，积极情绪可以提升自我控制，克服自我损耗效应，消极情绪则会降低自我控制（Hagger et al.，2010a；Tang et al.，2008；Tice et al.，2007），如Tang等人（2008）的研究发现由实验条件诱发的积极情绪可增加被试的疼痛忍耐时间，提升自我控制；消极情绪则会减少被试的疼痛忍耐时间，削弱自我控制。随着研究的深入，一些研究发现积极情绪对自我控制的影响受双任务性质的调节作用，如果损耗任务与探测任务属于不同领域（比如拒绝糖果任务与Stroop任务），那么积极情绪有利于提高探测任务的成绩；如果损耗任务与探测任务属于相同领域

（比如两个 Stroop 任务），那么情绪状态不会影响自我控制（Wenzel et al.，2013、2014）。

综上文献可知，急性有氧运动的强度可诱发不同情绪状态（Reed & Ones，2006），而情绪状态与自我控制之间存有关联（Hagger et al.，2010a）。那么，不同强度运动诱发的情绪与自我控制之间是否存有关联？我们通过 3 个实验来回答此问题。3 个实验的结果显示，不同强度运动可诱发不同情绪状态，即中、低强度运动诱发的积极情绪要高于高强度运动诱发的积极情绪。然而，相关分析表明，运动诱发的情绪状态与认知、疼痛和行为自我控制之间无关联，这一结果与以往研究不一致。如 Nealis，van Allen & Zelenski（2016）的研究发现，被试完成 4 组 30 个跳跃活动，不但可提升情绪状态和唤醒水平，而且能提高后续 Stroop 任务的成绩，即提升了自我控制。导致这种不一致结果原因可能有二：①情绪诱发状态不同。以往研究针对情绪状态采用多种实验条件来诱发，比如看视频、听音乐等，而本实验仅采用不同运动强度来诱发情绪状态，因此本研究诱发的情绪状态可能弱于以往的研究。②实验设计不同。以往研究采用前后测设计，探讨运动干预条件下，情绪变化值（前测与后测差值）与自我控制变化值（前测与后测差值）之关系。而本研究并未分别测量运动前和运动后的情绪状态，导致在具体分析数据时，可能会受其他因素的影响。

第二节　并行范式下 RAH 模型和自我控制溢出观点

一、运动强度和运动时间对自我控制的影响

如前文所述，以往研究者一般采用认知 - 能量模型（Audiffren，2009；Hockey，1997；Sanders，1983）和 RAH 模型（Dietrich，2003；Dietrich & Audiffren，2011）来解释并行范式下急性有氧运动损害自我控制这一现象。其核心观点可概括为：自我控制任务和急性有氧运动任务都需要消耗共同

的有限能量，在运动过程中，被试会将有限能量优先分配到运动任务上，自我控制任务能量不足，自我控制下降。然而，这两个模型均无法解释急性有氧运动提升自我控制的作用机制。鉴于此，实验 4 以 Stroop 干扰效应为自我控制表现的指标，全面考察了并行范式下运动强度和运动时间对自我控制的影响。

需说明的是，实验 4 中要求被试按照预先设定的目标心率进行有氧运动，若在运动过程中的心率低于（或高于）目标心率，功率自行车会自动增加（或减少）负荷，以确保整个运动过程中将个体心率维持在目标心率的允许范围内。在这种有氧运动方案下，被试无法采用如认知 - 能量模型（Audiffren，2009；Hockey，1997；Sanders，1983）所阐述的能量分配策略，因为他们只能将首要能量分配到维持急性有氧运动任务。因此，实验 4 拟采用 RAH 模型（Dietrich，2003；Dietrich & Audiffren，2011）来解释并行范式下急性有氧运动损害自我控制的作用机制。

干扰效应的错误率指标结果显示，运动强度不会影响自我控制。运动时程会影响自我控制，运动后期的错误率高于运动前期的错误率，这意味着随着运动时间延长，被试的自我控制下降。运动强度与运动时程的交互作用不显著，其原因可能是不同实验条件下的 Stroop 任务的错误率很低，存在地板效应。依据以往研究结果，实验 4 主要采用 Stroop 干扰效应的反应时指标来测量自我控制表现（McMorris & Hale，2012）。

干扰效应的反应时指标结果显示，运动强度不会影响自我控制，这意味着随运动强度增加，被试的自我控制表现未发生变化，这一结果不支持 RAH 模型（Dietrich，2003；Dietrich & Audiffren，2011）"随着运动强度增加，自我控制下降"的假设；运动时程会影响自我控制，随着运动时间延长，被试的自我控制提升。然而，干扰效应的错误率指标却显示，随着运动时间延长，被试的自我控制下降。这说明被试在执行 Stroop 任务时，随着运动时间延长可能采用了反应时与错误率的权衡策略，即通过增加 Stroop 任务的错误率来提高反应时。因此，我们无法通过运动时间这一变量来判断实验结果是否支持 RAH 模型（Dietrich，2003；Dietrich & Audiffren，2011）。

进一步分析发现，不同运动强度对不同运动时间的自我控制会产生不同影响，具体表现为：在运动前期，高、中和低强度运动均可提升自我控制；而在运动后期，各种运动强度作用不一，即高强度运动会降低自我控制，中、低强度运动会提升自我控制。可见，RAH 模型（Dietrich，2003；Dietrich & Audiffren，2011）仅可解释高强度运动条件下运动后期的自我控制下降这一现象。具体阐释如下：在高强度急性有氧运动条件下，运动脑区需要消耗大量能量（血糖）来维持高强度运动任务，随着运动时间延长，人类大脑再无足够能量分配到前额叶，致使 Stroop 任务的成绩下降，自我控制下降。然而，RAH 模型既无法解释在运动前期，高、中、低强度运动均提升自我控制这一结果，亦无法解释在运动后期，中、低强度运动提升自我控制这一结果。对此，有研究者认为，运动强度低或运动时间短未产生消极作用这一现象，以及运动诱发的儿茶酚胺等神经递质的积极作用，导致并行范式下自我控制提升（Audiffren & André，2015）。除了运动诱发的生理变化之外，我们从大脑的抑制控制神经网络视角，提出自我控制溢出（self-control spillover）观点来解释。

二、RAH 模型与自我控制溢出观点

以往研究表明，抑制控制是成功自我控制的核心（Diamond，2013；Hofmann et al.，2012；Inzlicht et al.，2014）。现代认知神经科学研究表明，虽然抑制控制涉及日常生活中的各个领域（比如情感抑制、思维抑制和行动抑制），但它们都依赖于一些紧密相连的脑神经区域，包括右额下叶皮层（rIFC）、背外侧前额叶皮层（DLPFC）和前扣带皮层（ACC），这些区域称为抑制网络（inhibitory network）（Berkman et al.，2009；Heatherton，2011；Stoycos et al.，2017；Tuk et al.，2015）。

Berkman 等人（2009）假设，如果日常生活中各个领域的抑制反应的

抑制信号（inhibitory signals）都来源于大脑的同一个抑制性网络区域，那么这种抑制信号不仅完全作用于某一特定领域，而且会提升其他不相关领域的抑制反应。为了验证这一假设，Berkman 等人（2009）以 Go/no-go 认知任务来测量行为抑制反应，结果发现抑制反应会同时激活杏仁核区域的情绪反应，而且右前额叶抑制网络的激活水平调节了抑制溢出效应。随后，Stoycos 等人（2017）以 Go/no-go 情绪任务来探讨抑制溢出效应，结果发现消极情绪条件下，认知控制脑区（右侧额下回）的激活水平会增加，同时杏仁核区域的情绪反应会降低。可见，这两项研究从脑机制层面支持了抑制溢出的观点。

综上可知，抑制溢出观点已得到不少认知神经科学的支持，那么这种溢出效应是否会体现在个体的外在行为上呢？研究者采用行为指标对此进行检验。如 Tuk，Trampe & Warlop（2011）探讨了个体内脏状态对行为抑制的影响。他们假设不断增加的膀胱压力需要更强的抑制信号来阻止排尿的冲动，根据抑制溢出观点，应该也会增加其他领域的反应抑制。研究结果发现，较强的排尿紧迫感不仅会提高 Stroop 任务的成绩，而且会增加延迟折扣任务中跨时间的忍耐性。Tuk 等人（2015）的另一项研究采用序列和并行双任务范式，设计了 18 个实验，全面检验了抑制溢出和自我控制的力量模型。元分析结果显示，并行范式下自我控制提升的效果量显著，$d = 0.220$，95% CI 为［0.107，0.334］；而序列范式下自我控制损耗的效果量不显著，$d = 0.107$，95% CI 为［-0.356，0.011］。可见，该项研究支持了抑制溢出观点，却不支持自我控制的力量模型。

由于 Tuk 等人（2015）所采用的双任务涉及各种类型的自我控制（比如思维控制、注意控制、消费控制、选择与意志和不健康食品消费等），而远远超出了抑制反应这一范畴，我们将进一步外延"抑制溢出"这一概念，提出更广泛的"自我控制溢出观点"，以更好地解释在并行范式下自我控制提升的脑机制。自我控制溢出观点认为，日常生活中各个领域的自我控制行为信号都来源于同一大脑网络区域，某一种行为发出的自我控制信号不仅完全作用于该特定领域，也会提升其他领域的自我控制表现。

依据自我控制溢出观点，在实验 4 的运动过程中，特别是运动前期，被试需要不断从相应大脑区域发射自我控制信号，以维持急性有氧运动的目标心率。这种自我控制信号同时会提升其他领域（比如 Stroop 任务）的自我控制表现，产生了自我控制溢出效应。因此，在运动前期，高、中和低强度运动都可提升自我控制。然而，在运动后期，高强度运动消耗了太多自我控制能量，自我控制信号逐渐衰弱，自我控制溢出效应消失，甚至出现自我损耗效应，最终导致自我控制下降。可见，RAH 模型和自我控制溢出观点并非相互矛盾，两者均可适用于不同实验条件下的自我控制：RAH 模型适用于高意志努力的急性有氧运动，而自我控制溢出观点适用于低意志努力的急性有氧运动。只有将两者结合起来才能更好地解释并行范式下自我控制的下降或提升效应。

第三节　急性有氧运动对自我控制影响的脑机制

实验 5 同时采用序列范式和并行范式，考察运动强度和运动时程对自我控制影响的剂量效应及其脑机制。在具体实验过程中，我们采用经典 Stroop 干扰效应指标来测量认知自我控制表现，运用 fNIRS 技术来探测 Stroop 干扰效应诱发的 O_2Hb 信号变化。以往 fMRI 和 PET 的研究结果显示，Stroop 干扰效应与前额叶皮层（PFC）和前扣带回（ACC），特别是 DLPFC 相关，其功能是在面对冲突的情境中，起到评价和执行自上而下策略之作用（Chen et al.，2013；Milham et al.，2003）。由于 fNIRS 技术的光源的低穿透性，其无法到达 ACC 区域（Villringer & Chance，1997），我们重点考察 PFC 的 O_2Hb 信号变化。一般而言，PFC 可划分为 L-DLPFC、L-VLPFC、L-FPA、R-DLPFC、R-VLPFC 和 R-FPA 6 个脑区。基于以往有关"急性有氧运动与 Stroop 任务之关系"的 fNIRS 研究结果，Stroop 干扰效应与 L-VLPFC 和 R-VLPFC 无关联（Byun et al.，2014；Hyodo et al.，2016；

Kujach et al.，2018；Yanagisawa et al.，2010）。因此，我们将 ROIs 界定为 PFC 中的 L-DLPFC、L-FPA、R-DLPFC 和 R-FPA 4 个脑区，并致力于考察序列范式和并行范式下，运动强度和运动时程对自我控制影响的行为表现和相应的脑机制，所获取的研究结果分序列范式和并行范式两部分概述。

一、序列范式下急性有氧运动影响自我控制的脑机制

（一）序列范式下自我控制的行为表现

与实验 1 的 Stroop 任务和有氧运动方案相似，实验 5 考察了高强度和低强度急性有氧运动对自我控制的影响。结果显示，低强度急性有氧运动提升了认知自我控制。这一结果与实验 1 和前人研究（Byun et al.，2014）的结果相一致，说明进行 20min 的低强度急性有氧运动可显著提升个体的认知自我控制。

然而，在高强度有氧运动条件下，认知自我控制未发生变化。这与实验 1 的"高强度急性有氧运动会损害认知自我控制"结果不一致。其原因可能是两个实验设计不同，具体差异如下：实验 1 的干预过程中，被试只需执行有氧运动任务；而实验 5 的干预过程中，被试需同时执行有氧运动和 Stroop 任务。实验 5 的设计可能会促使被试产生 Stroop 任务的练习效应，使其在后测 Stroop 任务中获得更好的成绩，最终减少了高强度运动所产生的自我损耗效应。此外，实验 5 的对照条件下，后测 Stroop 任务成绩边缘显著优于前测 Stroop 任务成绩（$p = 0.089$），这也说明可能存在 Stroop 任务的练习效应。

总之，实验 5 的行为数据结果揭示急性有氧运动的强度对自我控制的影响存在剂量效应，即低强度急性有氧运动会提升自我控制，而高强度急性有氧运动不会影响自我控制。这一实验结果支持本书提出的有关急性有氧运动分类的观点：只有低意志努力的急性有氧运动才可提升自我控制，高意志努力的急性有氧运动则会损害（或不影响）自我控制。

（二）序列范式下急性有氧运动影响自我控制的脑机制

fNIRS 数据结果显示，急性有氧运动的强度对 Stroop 干扰效应诱发的 O_2Hb 信号产生不同影响，而且这些影响效果表现在不同的 ROIs 中。其中，在 L-DLPFC 和 R-DLPFC 两个脑区中，低强度运动可显著提升 O_2Hb 信号，高强度运动则不会影响 O_2Hb 信号。这种脑区的激活模式与"低强度运动会提升自我控制，而高强度运动不会影响自我控制"的行为数据结果表现出同步性。可见，该 fNIRS 数据结果为低强度急性有氧运动提升自我控制提供了神经生理学的证据，即与前额叶的双侧 DLPFC 的激活程度有关。

实验 5 的序列范式结果与以往有关 fNIRS 研究结果相一致。例如，以往研究发现，低强度运动（Byun et al.，2014）、中等强度运动（Yanagisawa et al.，2010）以及高强度间歇运动（Kujach et al.，2018）都可提升年轻人执行 Stroop 任务诱发的 L-DLPFC 的 O_2Hb 信号；还有研究发现，中等强度运动亦可提升年轻人执行 Flanker 任务诱发的 R-DLPFC 的 O_2Hb 信号（文世林等，2015a）。应指出的是，其中有 2 项研究发现，中等或低强度急性有氧运动不仅会提升 DLPFC 脑区的 O_2Hb 信号，还会提升 FPA 的 O_2Hb 信号（Byun et al.，2014；文世林等，2015a）。基于以往神经影像学的研究结果（Boschin et al.，2017；Laguë-Beauvais et al.，2013；Vanderhasselt et al.，2006），我们认为，与 FPA 相比，DLPFC 在执行自我控制任务中起到更关键的作用，而且与老年人执行功能退化有关。例如，最近一些研究表明，老年人在 DLPFC 脑区表现出高 O_2Hb 信号水平有助于提高他们的执行功能（Hyodo et al.，2016），而中等强度急性有氧运动提高老年人的执行控制的成绩，主要是通过募集并增强其他脑区（如 FPA）神经元的激活水平，起到补偿的作用（Hyodo et al.，2012；文世林等，2015b）。总之，这些研究结果提示，低强度急性有氧运动是通过增强 DLPFC 脑区的激活水平来提升自我控制的。那么，急性有氧运动是如何增强前额叶的激活水平的，其作用机制是什么呢？

如前文所述，倒 U 形理论（McMorris & Graydon，2000）和认知 - 能量模型（Audiffren，2009；Hockey，1997；Sanders，1983）都认为急性有氧运动通过唤醒生理 - 心理系统，短暂影响脑血流量，进而提升认知自我控制（McMorris，2016）。近期一些神经科学的研究成果，可为我们提供新的解释视角。具体概述如下：急性有氧运动会引起相应的神经调节，进而影响特定神经网络来参与特定的认知控制加工（Dietrich & Audiffren，2011；Lambourne & Tomporowski，2010；McMorris et al.，2016）。例如，大量研究表明，急性有氧运动会促进 NA、DA 和 ACh 等多种神经递质释放。这些递质的释放虽然来自身体的不同唤醒系统，但都可提高前额叶和海马脑区的神经元激活水平，而这两个脑区在认知控制中起到关键作用（Arnsten，2011；Aston-Jones & Cohen，2005）。

综合近期认知神经科学研究成果，我们认为低强度急性有氧运动可能通过以下两种机制影响到前额叶的激活水平。第一，急性有氧运动会刺激脑干的蓝斑核（locus coeruleus）的 NA 系统，促使 NA 等神经递质释放到与认知加工相关的大脑区域。例如，微透析技术研究结果表明，急性有氧运动会增加蓝斑核的 NA 水平，而 NA 进一步增强 DLPFC、ACC 和海马体等脑区的神经元的激活水平（Meeusen et al.，2001）。可见，由急性有氧运动诱发的 NA 是促进前额叶神经元活动的主要因素之一。第二，急性有氧运动还会刺激来自中脑腹侧被盖区（VTA）的 DA 系统，释放 DA 神经化学递质，提高前额叶皮层、杏仁核和海马体等脑区的神经活动水平（Björklund & Dunnett，2007）。这些脑区的激活不但在运动控制、情绪、决策和学习中起关键作用，而且能有效地调节自上而下的认知控制加工（Arnsten，2011；Björklund & Dunnett，2007）。可见，由急性有氧运动诱发的 DA 是促进前额叶神经元活动的主要因素之二。应指出的是，NA、DA 等神经递质的释放会受到运动强度的影响。例如，高强度运动会引起身体和心理疲劳，影响神经递质的释放，进而抑制大脑皮层相关神经激活水平的提升（Mehta & Parasuraman，2014）。

综合前文提出的"自我控制能量恢复"观点以及以往研究成果，我们认为低强度运动会引起 NA、DA 和 ACh 等多种神经递质释放，提高 L-DLPFC 和 R-DLPFC 脑区的激活水平，有利于促进自我控制能量的超量恢复，缩短 Stroop 干扰效应的反应时，进而提升自我控制。然而，在高强度运动条件下，身体和心理的疲劳导致 L-DLPFC 和 R-DLPFC 脑区的激活水平下降，不利于自我控制能量恢复，降低了自我控制。

二、并行范式下急性有氧运动影响自我控制的脑机制

实验 5 的并行范式与实验 4 的并行范式略有不同。实验 4 在运动过程中，只测量运动前期（第 5min）和后期（第 15min）的 Stroop 任务成绩；而实验 5 则在整个运动过程中（连续 10 个 blocks，共计 600s），全程测量 Stroop 任务成绩，以更好地考察运动强度和运动时程对自我控制影响的剂量效应及其脑机制。

（一）并行范式下自我控制的行为表现

行为数据结果显示，低强度运动可减少 Stroop 干扰效应，提升自我控制，且这种提升效果处于稳定状态，不会随着运动时间延长而发生变化。说明在低强度运动中产生了自我控制溢出效应，提升了个体执行 Stroop 任务时的自我控制表现，且不会随着运动时间延长而减弱。

高强度运动条件下，整体而言，运动后期（block 7～10）的 Stroop 干扰效应要多于运动前期（block 1～3）的干扰效应。表明在高强度运动条件下，运动前期可提升自我控制，但随着运动时间延长，运动后期自我控制下降了。对此，我们结合 RAH 模型（Dietrich，2003；Dietrich & Audiffren，2011）和自我控制溢出观点来解释此现象。具体阐释如下：在运动前期，高强度运动产生自我控制溢出效应，提升了自我控制。然而，随着运动时间延长，为了完成高强度运动任务，被试不断将能量分配到高强度

运动任务中，致使无足够的能量来执行 Stroop 任务，产生了损耗效应，降低了自我控制。

总之，并行范式下，实验 5 行为数据结果也基本上支持本书提出的有关急性有氧运动分类的观点：只有低意志努力的急性有氧运动才可提升自我控制，高意志努力的急性有氧运动则会损害（或不影响）自我控制。

（二）并行范式下急性有氧运动影响自我控制的脑机制

如前文所述，有不少研究者采用 fNIRS 技术，考察并行范式下急性有氧运动对自我控制影响的脑机制。例如，Schmit 等人（2015）采用 Flanker 任务来测量认知自我控制，用 fNIRS 测量右前额叶运动前期和运动后期的 O_2Hb 信号，并设置了高强度运动方案（85% 的最大摄氧量运动，直至体力耗竭）。结果发现，运动前期 Flanker 任务的成绩提升，运动后期 Flanker 任务的成绩未发生变化。然而，fNIRS 数据结果显示，运动前期右前额叶的 O_2Hb 信号浓度未发生变化，运动后期 O_2Hb 信号浓度急剧下降。这表明在运动过程中，Flanker 成绩表现与右前额叶的 O_2Hb 信号未同步，也意味着并行范式下，急性有氧运动过程对自我控制影响的脑机制尚不明确。此外，Tempest 等人（2017）也采用 Flanker 任务和 2-back 任务来测量执行功能，用 fNIRS 全程测量右前额叶和运动脑区的 O_2Hb 信号，并设计了高强度和低强度两种运动方案。结果显示随着运动时间延长，相比于低强度运动，高强度运动提升了 Flanker 成绩，但损害了 2-back 成绩。fNIRS 数据结果显示，随着运动时间延长，高强度运动条件下，前额叶的 O_2Hb 信号逐步增强，并趋于稳定；而运动脑区的 O_2Hb 信号却未发生变化。可见，虽然 Flanker 成绩与前额叶 O_2Hb 信号出现同步，但 2-back 任务成绩与前额叶 O_2Hb 信号未同步，而且这一结果也不支持 RAH 模型的观点——前额叶的 O_2Hb 信号下降，运动脑区的 O_2Hb 信号增强。可见，这两项研究没有揭示出运动过程中抑制控制与前额叶 O_2Hb 信号之间的复杂关系。为此，需要设计更完善的实验方案来揭示急性有氧运动对认知自我控制影响的脑机制。

与以往的 fNIRS 研究相比（Lucas et al.，2012；Schmit et al.，2015；Tempest et al.，2017），本实验 5 的研究设计具有以下三大优点：①采用 Stroop 干扰效应来测量更"纯净"的自我控制表现；②同时设置了高强度运动、低强度运动和对照组三个实验条件，系统考察 Stroop 干扰效应诱发的 O_2Hb 信号；③将 ROIs 界定为前额叶中的 L-DLPFC、R-DLPFC、L-FPA 和 R-FPA 四个脑区。可见，这种实验设计更有利于揭示出高、低强度运动通过改变不同 ROIs 的激活水平来影响自我控制。

实验 5 的 fNIRS 数据结果显示，急性有氧运动的强度和运动时程对 Stroop 干扰效应诱发的 O_2Hb 信号会产生不同影响，并体现在不同的 ROIs 中。其中，在 L-DLPFC 脑区，相比于高强度运动和对照组，低强度运动的 O_2Hb 信号显著提升，且不会随着运动时间延长而发生变化。这种脑区的激活模式与"低强度运动会提升自我控制，且不随着运动时间的延长而发生变化"的行为结果表现出同步性。由此可见，低强度急性有氧运动是通过增强 L-DLPFC 脑区的激活水平来提高自我控制的。

在 R-DLPFC 和 R-FPA 两个脑区中，高强度运动前期的 O_2Hb 信号显著高于运动后期的 O_2Hb 信号，说明随着运动时间延长，O_2Hb 信号有下降趋势。这种脑区的激活模式与"高强度运动在运动前期会提升自我控制，随着运动时间延长，自我控制有下降趋势"的行为结果表现出同步性。由此可见，在运动过程中，高强度急性有氧运动是通过改变 R-DLPFC 和 R-FPA 脑区的激活水平来影响自我控制表现的。

总之，实验 5 揭示了并行范式下，急性有氧运动对自我控制影响的复杂机制。针对这一复杂作用机制，我们认为，应综合多种理论观点（NA 假设、DA 假设、RAH 模型、自我控制的力量模型和自我控制溢出观点）来解释。具体阐述如下：低强度运动促进 NA 和 DA 等多种神经递质释放至前额叶的 L-DLPFC 脑区，产生了自我控制溢出效应，提高了前额叶神经元的激活水平，提升了自我控制，且这种提升效应一直维持在整个运动过程中。高强度运动在起始阶段也可促进 NA 和 DA 等多种神经递质释放至前额叶的 R-DLPFC 和 R-FPA 脑区，产生了自我控制溢出效应，提升了自我控制；但随着运动时间延长，到了运动后期，高强度运动不断消耗能量，致使前额叶功能低下（RAH），降低了前额叶的神经元激活水平，出现自我损耗效应，最终导致自我控制下降。

第四节 急性有氧运动对自我控制影响的未来研究方向

自我控制在日常生活中扮演重要的角色，如何提升自我控制成为研究者关注的热点问题之一。本书就急性有氧运动对自我控制的影响及其脑机制开展了系列研究，获得一些有价值的研究成果。比如，中等、低强度的急性有氧运动均能提升认知、疼痛和行为自我控制；而高强度的急性有氧运动仅能提升疼痛自我控制。再如，在急性有氧运动的前期，无论是高、中等还是低强度运动均能提升自我控制；而在运动后期，高强度运动会降低自我控制。这些成果为制订提升自我控制的有氧运动方案提供参考，即在制订有氧运动方案时，需综合运动强度和运动时间等因素：既要考虑这些因素的促进效应，也要考虑这些因素的损耗效应。一般而言，设定低意志努力特征的有氧运动（比如中等、低强度运动）更有利于提升自我控制。

随着社会发展，运动干预效益理念不断深入各个健康领域。在认知神经科学领域，运动干预以绿色、经济、无副作用的优势被认为是一种潜在的有效干预方式。本书采用 fNIRS 技术，在前额叶的脑激活层面上，揭示了急性有氧运动的强度和运动时间影响自我控制的脑机制，可为"健康中国 2030"引领下的大学生的健康教育和体育教育提供理论基础和行动策略。

概括而言，本书的贡献有如下三点：

（1）在探讨序列范式下急性有氧运动对自我控制的影响时，以往研究主要关注急性有氧运动对认知自我控制的影响，较少关注对其他类型自我控制的影响，这种做法无法全面揭示急性有氧运动对自我控制的影响。鉴于此，本书依据 Berkman 等人（2012）对自我控制的分类，即将自我控制分成认知、疼痛和行为三种类型的自我控制，并通过三个并行实验全面考察急性有氧运动的强度对自我控制的影响。所获取的研究成果对急性有氧运动与自我控制等研究领域具有一定的理论意义和借鉴作用。

（2）针对现有的理论观点未能完整地解释急性有氧运动对自我控制影响的复杂机制这一情况，本书初步提出自我控制能量恢复和自我控制溢出两个观点。其中，自我控制能量恢复观点可解释序列范式下急性有氧运动的强度对自我控制影响的剂量效应，而自我控制溢出观点可解释并行范式下急性有氧运动提升自我控制的效益。这两个观点可为急性有氧运动与自我控制之复杂关系研究提供新的方向和思路。

（3）本书率先采用序列范式和并行范式，通过 fNIRS 技术考察了运动强度和运动时程对自我控制影响的脑机制。揭示了急性有氧运动是通过改变前额叶皮层的 O_2Hb 信号，进而影响自我控制表现的，从而为急性有氧运动对自我控制的影响提供较可靠的脑机制。在此基础上，整合和拓展现有理论观点，以更好地解释急性有氧运动与自我控制之复杂关系。

不可否认，本书也存在不足和改善空间，未来可从以下三方面展开研究：

（1）有氧运动的强度界定方法需改善。在界定运动强度方面，以往研究者采用各种指标来区分不同运动强度，比如运用最大摄氧量（Vo_{2max}）、最大输出功率（W_{max}）、最大心率（HR_{max}）等百分比来定义运动强度。鉴于 HR_{max} 未考虑个体基础心率差异之不足（Robergs & Landwehr, 2005），本书采用储备心率，即目标心率＝安静心率＋（最大心率－安静心率）×强度%区间，来界定运动强度，同时采用 RPE 来测量被试在运动过程中的主观用力感。换句话说，本书采用生理和心理双重指标来评估不同运动强度对自我控制影响的作用效果。然而，客观地说，采用储备心率来区别运动强度，可节约人力和时间，但其精确度不如 Vo_{2max} 或 W_{max}（Tomporowski，2009），故未来研究应采用更加客观的指标来界定运动强度，以此获得更准确的研究结果。

（2）自我控制能量恢复观点有待进一步检验。为了解释急性有氧运动对自我控制的影响，我们提出自我控制能量恢复观点，认为个体执行急性有氧运动任务后，进入自我控制能量恢复阶段。恢复状态可分成能量低下、能量恢复和超量恢复 3 个层次，且认为低意志努力的急性有氧运动更有利于能量超量恢复。应指出的是，能量恢复除了受先前运动强度影响，还受恢复时间这一重要因素影响。然而，本书的实验 1 ~ 3 在有氧运动完成之后与执行自我控制任务之前，只间隔了一个固定时间段约 5min，即恢复时间约 5min。这种实验设计没有考虑自我控制能量恢复观点的时间因素，未来研究应在急性有氧运动后，设置多个恢复时间段，以此进一步验证自我控制能量恢复观点。

（3）fNIRS 的 ROIs 定位还有改善空间。为了检测急性运动对 Stroop 干扰效应诱发的 O_2Hb 信号的影响，本书将 ROIs 界定在前额叶的 L-DLPFC、L-FPA、R-DLPFC 和 R-FPA 4 个脑区。然而，这种界定方法只能检测到前额叶的 O_2Hb 信号变化，无法检测到其他脑区（比如运动脑区）的 O_2Hb 信号变化。这导致本书的 fNIRS 结果在验证 RAH 模型和自我控制溢出观点时存有一定局限性，因为这两个模型观点都涉及前额叶与运动脑区 O_2Hb 信号的变化趋势。未来研究应采用更多通道的 fNIRS，使其能覆盖更多的 ROIs，以此更好地验证 RAH 模型和自我控制溢出观点。

第五章　结论：急性有氧运动对自我控制影响的整合观点

根据本书的实验结果及对结果的分析讨论，可将结论做如下概括。

第一，序列范式下，急性有氧运动的强度对认知、疼痛和行为自我控制影响均存在剂量效应，具体表现为：中等和低强度运动有利于提升3种类型的自我控制；高强度运动会损害（实验1）或不影响（实验5）认知自我控制，提升疼痛自我控制，但不会影响行为自我控制。在脑机制层面，低强度运动通过增强 L-DLPFC 和 R-DLPFC 2 个脑区的激活水平，进而提升自我控制；而高强度运动由于消耗了过多能量，降低了 L-DLPFC 和 R-DLPFC 2 个脑区的激活水平，未能提升自我控制。

第二，并行范式下，在急性有氧运动前期，无论是高、中等还是低强度的运动均能提升自我控制；而在急性有氧运动后期，高强度运动条件下，自我控制下降。自我控制溢出观点和 RAH 模型可解释并行范式下的研究成果，即在运动前期，急性有氧运动引起了自我控制溢出，致使自我控制提升；而在高强度运动后期，消耗了大量的能量，致使前额叶功能低下，自我控制下降。在脑机制层面，低强度运动是通过增强 L-DLPFC 脑区的激活水平来提升自我控制的；高强度运动则是通过改变 R-DLPFC 和 R-FPA 脑区的激活水平来影响自我控制表现的。

第三，基于上述实验结果，本书提出自我控制恢复观点来解释序列范式下急性有氧运动影响自我控制的剂量效应。该观点认为，执行完急性有氧运动任务后，被试进入自我控制能量恢复阶段，恢复状态可分成能量低下、能量恢复和超量恢复 3 个层次。此外，本书还提出自我控制溢出观点来解释并行范式下急性有氧运动提升自我控制的效应。该观点认为，日常生活中各领域的自我控制行为信号都来源于同一大脑网络区域，某一种行为（比如急性有氧运动）发出的自我控制信号不仅作用于特定领域，而且会提升其他领域（比如 Stroop 任务）的自我控制表现。这两个观点可补充现有的理论观点，进而形成一个更完善的整合观点来解释急性有氧运动与自我控制之复杂关系。

参考文献

［1］ALBERTS H J E M, MARTIJN C, GREB J, MERCKELLBACH H & VRIES N K D. Carrying on or giving in: the role of automatic processes in overcoming ego depletion. British journal of social psychology, 2007, 46(2): pp. 383 – 399.

［2］ALVES C R R, GUALANO B, TAKAO P P, AVAKIAN P, FERNANDES R M, MORINE D & TAKITO M Y. Effects of acute physical exercise on executive functions: a comparison between aerobic and strength exercise. Journal of sport & exercise psychology, 2012, 34(4): pp. 539 – 549.

［3］AMPEL B C, O'MALLEY E E & MURAVEN M. Self-control and motivation: integration and application. In EDWARD R, J J CLARKSON & L JIA (Eds.). Self-regulation and ego control. San Diego: Academic Press, 2016: pp. 125 – 141.

［4］ANDO S, KOKUBU M, YAMADA Y & KIMURA M. Does cerebral oxygenation affect cognitive function during exercise? European journal of applied physiology, 2011, 111(9): pp. 1973 – 1982.

［5］APPS M A, GRIMA L L, MANOHAR S & HUSAIN M. The role of cognitive effort in subjective reward devaluation and risky decision-making. Scientific reports, 2015, 5(1).

［6］ARNSTEN A F T. Catecholamine influences on dorsolateral prefrontal cortical networks. Biological psychiatry, 2011, 69(12): pp. 89 – 99.

［7］ ASTON-JONES G & COHEN J D. An integrative theory of locus coeruleus-norepinephrine function：adaptive gain and optimal performance. Annual review of neuroscience，2005(28)：pp. 403 – 450.

［8］ AUDIFFREN M. Acute exercise and psychological functions：a cognitive-energetic approach. In MCMORRIS T, TOMPOROWSKI P & AUDIFFREN M(Eds.). Exercise and cognitive function. New York：John Wiley & Sons, Ltd, 2009：pp. 3 – 39.

［9］ AUDIFFREN M & ANDRÉ N. The strength model of self-control revisited：linking acute and chronic effects of exercise on executive functions. Journal of sport and health science, 2015, 4(1)：pp. 30 – 46.

［10］ AUDIFFREN M, TOMPOROWSKI P & ZAGRODNIK J. Acute aerobic exercise and information processing：modulation of executive control in a random number generation task. Acta psychologica, 2009, 132 (1)：pp. 85 – 95.

［11］ BAKER L D, FRANK L L, FOSTER-SCHUBERT K, GREEN P S, WILKINSON C W, MCTIERNAN A & CRAFT S et al. Effects of aerobic exercise on mild cognitive impairment：a controlled trial. Archives of neurology, 2010, 67(1)：pp. 71 – 79.

［12］ BAUMAN A, BULL F, CHEY T, CRAIG C L, AINSWORTH B E, SALLIS J F, PRATT M et al. The international prevalence study on physical activity：results from 20 countries. International journal of behavioral nutrition and physical activity, 2009, 6(1)：pp. 1 – 11.

［13］ BAUMEISTER R F. Self-regulation, ego depletion and inhibition. Neuropsychologia, 2014(65)：pp. 313 – 319.

［14］ BAUMEISTER R F & HEATHERTON T F. Self-regulation failure：an overview. Psychological inquiry, 1996, 7(1)：pp. 1 – 15.

［15］ BAUMEISTER R F & JUOLA EXLINE J. Virtue, personality and social relations: self-control as the moral muscle. Journal of personality, 1999, 67(6): pp. 1165 – 1194.

[16] BAUMEISTER R F, BRATSLAVSKY E, MURAVEN M & TICE D M. Ego depletion: is the active self a limited resource? Journal of personality and social psychology, 1998(74): pp. 1252 – 1265.

[17] BAUMEISTER R F, HEATHERTON T F & TICE D M. Losing control: how and why people fail at self-regulation. Genetics & biotechnology of bacilli, 1994(3): pp. 263 – 280.

[18] BAUMEISTER R F, VOHS K D & TICE D M. The strength model of self-control. Current directions in psychological science, 2007, 16 (6): pp. 351 – 355.

[19] BERKMAN E T, BURKLUND L & LIEBERMAN M D. Inhibitory spillover: intentional motor inhibition produces incidental limbic inhibition via right inferior frontal cortex. NeuroImage, 2009, 47(2): pp. 705 – 712.

[20] BERKMAN E T, FALK E B & LIEBERMAN M D. In the trenches of real-world self-control: neural correlates of breaking the link between craving and smoking. Psychological science, 2011, 22(4): pp. 498 – 506.

[21] BERKMAN E T, GRAHAM A M & Fisher P A. Training self-control: a domain-general translational neuroscience approach. Child development perspectives, 2012, 6(4): pp. 374 – 384.

[22] BERKMAN E T, HUTCHERSON C A, LIVINGSTON J L, KAHN L E & INZLICHT M. Self-control as value-based choice. Current directions in psychological science, 2017a, 26(5): pp. 422 – 428.

[23] BERKMAN E T, LIVINGSTON J L & KAHN L E. Finding the "self" in self-regulation: the identity-value model. Psychological inquiry, 2017b, 28 (2 – 3): pp. 77 – 98.

[24] BJÖRKLUND A & DUNNETT S B. Dopamine neuron systems in the

brain: an update. Trends in neurosciences, 2007, 30(5): pp. 194 – 202.

[25] BOAT R & TAYLOR I M. Prior self-control exertion and perceptions of pain during a physically demanding task. Psychology of sport and exercise, 2017(33): pp. 1 – 6.

[26] BOAT R, TAYLOR I M & HULSTON C J. Self-control exertion and glucose supplementation prior to endurance performance. Psychology of sport and exercise, 2017(29): pp. 103 – 110.

[27] BORG G A. Psychophysical bases of perceived exertion. Medicine & science in sports & exercise, 1982, 14(5): pp. 377 – 381.

[28] BOSCHIN E A, MARS R B & BUCKLEY M J. Transcranial magnetic stimulation to dorsolateral prefrontal cortex affects conflict-induced behavioural adaptation in a Wisconsin Card Sorting Test analogue. Neuropsychologia, 2017(94): pp. 36 – 43.

[29] BRAVER T S. The variable nature of cognitive control: a dual mechanisms framework. Trends in cognitive sciences, 2012, 16 (2): pp. 106 – 113.

[30] BRAY S R, MARTIN GINIS K A & WOODGATE J. Self-regulatory strength depletion and muscle-endurance performance: a test of the limited-strength model in older adults. Journal of aging & physical activity, 2011, 19 (3): pp. 177 – 188.

[31] BRAY S R, MARTIN GINIS K A, HICKS A L & WOODGATE J. Effects of self-regulatory strength depletion on muscular performance and EMG activation. Psychophysiology, 2008, 45(2): pp. 337 – 343.

[32] BRAY S R, OLIVER J P, GRAHAM J D & MARTIN GINIS K A. Music, emotion, and self-control: does listening to uplifting music replenish self-control strength for exercise? Journal of applied biobehavioral research, 2013, 18(3): pp. 156 – 173.

［33］ BRIKI W. Motivation toward physical exercise and subjective wellbeing: the mediating role of trait self-control. Frontiers in psychology, 2016 (7): p. 1546.

［34］ BRIKI W. Passion, trait self-control and wellbeing: comparing two mediation models predicting wellbeing. Frontiers in psychology, 2017 (8): p. 841.

［35］ BRIKI W. Why do exercisers with a higher trait self-control experience higher subjective well-being? The mediating effects of amount of leisure-time physical activity, perceived goal progress and self-efficacy. Personality and individual differences, 2018(125): pp. 62 - 67.

［36］ BROWN T D & VESCOVI J D. Maximum speed: misconceptions of sprinting. Strength & conditioning journal, 2012, 34(2): pp. 37 - 41.

［37］ BYUN K, HYODO K, SUWABE K, OCHI G, SAKAIRI Y, KATO M & SOYA H et al. Positive effect of acute mild exercise on executive function via arousal-related prefrontal activations: an fNIRS study. NeuroImage, 2014(98): pp. 336 - 345.

［38］ CARTER E C & MCCULLOUGH M E. Is ego depletion too incredible? Evidence for the overestimation of the depletion effect. Behavioral and brain sciences, 2013, 36(6): pp. 683 - 684.

［39］ CARTER E C & MCCULLOUGH M E. Publication bias and the limited strength model of self-control: has the evidence for ego depletion been Overestimated? Frontiers in psychology, 2014(5): p. 823.

［40］ CARTER E C, KOFLER L M, FORSTER D E & MCCULLOUGH M E. A series of meta-analytic tests of the depletion effect: self-control does not seem to rely on a limited resource. Journal of experimental psychology: general, 2015, 144(4): pp. 796 - 815.

［41］ CHAN D K C, HARDCASTLE S, DIMMOCK J A, LENTILLON-

KAESTNER V, DONOVAN R J, BURGIN M & HAGGER M S. Modal salient belief and social cognitive variables of anti-doping behaviors in sport: examining an extended model of the theory of planned behavior. Psychology of sport and exercise, 2015(16): pp. 164 – 174.

[42] CHAN D, LENTILLON-KAESTNER V, DIMMOCK J, DONOVAN R, KEATLEY D, HARDCASTLE S & HAGGER M. Self-control, self-regulation and doping in sport: a test of the strength-energy model. Journal of sport & exercise psychology, 2015, 37(2): pp. 199 – 206.

[43] CHANG Y K. Chapter 5-Acute exercise and event-related potential: current status and future prospects A2. In MCMORRIS T. Exercise-cognition interaction. San Diego: Academic Press, 2016: pp. 105 – 130.

[44] CHANG Y K, CHI L, ETNIER J , WANG C , CHU C H & ZHOU C L. Effect of acute aerobic exercise on cognitive performance: role of cardiovascular fitness. Psychology of sport and exercise, 2014, 15(5): pp. 464 – 470.

[45] CHANG Y K, LABBAN JD, GAPIN JI & ETNIER JL. The effects of acute exercise on cognitive performance: a meta-analysis. Brain research, 2012(1453): pp. 87 – 101.

[46] CHANG Y K, TSAI C L, HUNG T M, SO E C, CHEN F T & ETNIER J L. Effects of acute exercise on executive function: a study with a Tower of London Task. Journal of sport & exercise psychology, 2011, 33(6): pp. 847 – 865.

[47] CHEN Z, LEI X, DING C, LI H & CHEN A. The neural mechanisms of semantic and response conflicts: an fMRI study of practice-related effects in the Stroop task. NeuroImage, 2013(66): pp. 577 – 584.

[48] CHMURA J & NAZAR K. Parallel changes in the onset of blood lactate accumulation (OBLA) and threshold of psychomotor performance

deterioration during incremental exercise after training in athletes. International journal of psychophysiology, 2010, 75(3): pp. 287 - 290.

[49] CHU C H, ALDERMAN B L, WEI G X & CHANG Y K. Effects of acute aerobic exercise on motor response inhibition: an ERP study using the stop-signal task. Journal of sport and health science, 2015, 4(1): pp. 73 - 81.

[50] CIAROCCO N J, SOMMER K L & BAUMEISTER R F. Ostracism and ego depletion: the strains of silence. Personality and social psychology bulletin, 2001, 27(9): pp. 1156 - 1163.

[51] COHEN J D. Cognitive control: core constructs and current considerations. In T EGNER (Eds.). Wiley handbook of cognitive control. Malden: Wiley, 2001: pp. 3 - 28.

[52] CONNOR T D. Self-control, willpower and the problem of diminished motivation. Philosophical studies, 2013, 168(3): pp. 783 - 796.

[53] COWAN N. The magical number 4 in short-term memory: a reconsideration of mental storage capacity. Behavioral and brain sciences, 2001, 24(1): pp. 87 - 114.

[54] COYNE M A, VASKE J C, BOISVERT D L & WRIGHT J P. Sex diffe-rences in the stability of self-regulation across childhood. Journal of developmental and life-course criminology, 2015, 1(1): pp. 4 - 20.

[55] DANG J, BJÖRKLUND F & BÄCKSTRÖM M. Self-control depletion impairs goal maintenance: a meta-analysis. Scandinavian journal of psychology, 2017, 58(4): pp. 284 - 293.

[56] DANG J, LIU Y, LIU X & MAO L. The ego could be depleted, providing initial exertion is depleting: a preregistered experiment of the ego depletion effect. Social psychology, 2017, 48(4): pp. 242 - 245.

[57] DAVRANCHE K & MCMORRIS T. Specific effects of acute moderate exercise on cognitive control. Brain and cognition, 2009, 69 (3): pp.

565 – 570.

［58］ DAVRANCHE K, BRISSWALTER J & RADEL R. Where are the limits of exercise intensity on cognitive control? Journal of sport and health science, 2015, 4(1): pp. 56 – 63.

［59］ DE RIDDER D T, LENSVELT-MULDERS G, FINKENAUER C, STOK F M & BAUMEISTER R F. Taking stock of self-control: a meta-analysis of how trait self-control relates to a wide range of behaviors. Personality and social psychology review, 2012, 16(1): pp. 76 – 99.

［60］ DEL GIORNO J M, HALL E E, O'LEARY K C, BIXBY W R & MILLER P C. Cognitive function during acute exercise: a test of the transient hypofrontality theory. Journal of sport & exercise psychology, 2010, 32(3): pp. 312 – 323.

［61］ DENSON T F. The multiple systems model of angry rumination. Personality and social psychology review, 2013, 17(2): pp. 103 – 123.

［62］ DENSON T F, CAPPER M M, OATEN M, FRIESE M & SCHOFIELD T P. Self-control training decreases aggression in response to provocation in aggressive individuals. Journal of research in personality, 2011, 45(2): pp. 252 – 256.

［63］ DENSON T F, DEWALL C N & FINKEL E J. Self-control and aggression. Current directions in psychological science, 2012, 21 (1): pp. 20 – 25.

［64］ DENSON T F, PEDERSEN W C, FRIESE M, HAHM A & ROBERTS L. Understanding impulsive aggression: angry rumination and reduced self-control capacity are mechanisms underlying the provocation-aggression relationship. Personality and social psychology bulletin, 2011, 37 (6): pp. 850 – 862.

［65］ DIAMOND A. Executive functions. Annual review of psychology,

2013(64): pp. 135 - 168.

[66] DIETRICH A. Functional neuroanatomy of altered states of consciousness: the transient hypofrontality hypothesis. Consciousness and cognition, 2003, 12(2): pp. 231 - 256.

[67] DIETRICH A & AUDIFFREN M. The reticular-activating hypofrontality (RAH) model of acute exercise. Neuroscience & biobehavioral reviews, 2011, 35(6): pp. 1305 - 1325.

[68] DINOFF A, HERRMANN N, SWARDFAGER W & LANCTÖT K L. The effect of acute exercise on blood concentrations of brain-derived neurotrophic factor in healthy adults: a meta-analysis. European journal of neuroscience, 2017, 46(1): pp. 1635 - 1646.

[69] DODO N & HASHIMOTO R. The effect of anxiety sensitivity on psycholo-gical and biological variables during the cold pressor test. Autonomic neuroscience, 2017(205): pp. 72 - 76.

[70] DIODO N, HASHIMOTO R. The effect of anxiety sensitivity on the autonomic nervous reaction during the cold pressor test: a pilot study. International journal of psychology and behavioral sciences, 2015(5): pp. 179 - 183.

[71] DORRIS D C, POWER D A & KENEFICK E. Investigating the effects of ego depletion on physical exercise routines of athletes. Psychology of sport and exercise, 2012, 13(2): pp. 118 - 125.

[72] DROLLETTE E S, SCUDDER M R, RAINE L B, MOORE R D, SALIBA B J, PONTIFEX M B & HILLMAN C H. Acute exercise facilitates brain function and cognition in children who need it most: an ERP study of individual differences in inhibitory control capacity. Developmental cognitive neuroscience, 2014(7): pp. 53 - 64.

[73] DUCKWORTH A L, GENDLER T S & GROSS J J. Situational

strategies for self-control. Perspectives on psychological science, 2016a, 11 (1): pp. 35 – 55.

[74] DUCKWORTH A L, MILKMAN K L & LAIBSON D. Beyond willpower: strategies for reducing failures of self-control. Psychological science in the public interest, 2018, 19(3): pp. 102 – 129.

[75] DUCKWORTH A L, WHITE R E, MATTEUCCI A J, SHEARER A & GROSS J J. A stitch in time: strategic self-control in high school and college students. Journal of educational psychology, 2016b, 108(3): p. 329.

[76] ELLINGSON L D, KOLTYN K F, KIM J-S & COOK D B. Does exercise induce hypoalgesia through conditioned pain modulation? Psychophysiology, 2014, 51(3): pp. 267 – 276.

[77] ENGLERT C. The strength model of self-control in sport and exercise psychology. Frontiers in psychology, 2016(7): p. 314.

[78] ENGLERT C. Ego depletion in sports: highlighting the importance of self-control strength for high-level sport performance. Current opinion in psychology, 2017(16): pp. 1 – 5.

[79] ENGLERT C & BERTRAMS A. Anxiety, ego depletion and sports performance. Journal of sport & exercise psychology, 2012, 34 (5): pp. 580 – 599.

[80] ENGLERT C & BERTRAMS A. The effect of ego depletion on sprint start reaction time. Journal of sport & exercise psychology, 2014, 36(5): pp. 506 – 515.

[81] ENGLERT C & BERTRAMS A. Active relaxation counteracts the effects of ego depletion on performance under evaluative pressure in a state of ego depletion. Sportwissenschaft, 2016, 46(2): pp. 110 – 115.

[82] ENGLERT C, BERTRAMS A, FURLEY P & OUDEJANS R R D. Is ego depletion associated with increased distractibility? Results from a

basketball free throw task. Psychology of sport and exercise, 2015 (18) : pp. 26 – 31.

[83] ENGLERT C, PERSAUD B N, OUDEJANS R R & BERTRAMS A. The influence of ego depletion on sprint start performance in athletes without track and field experience. Frontiers in psychology, 2015(6) : p.1207.

[84] ENGLERT C, ZWEMMER K, BERTRAMS A & OUDEJANS R R. Ego depletion and attention regulation under pressure: is a temporary loss of self-control strength indeed related to impaired attention regulation? Journal of sport & exercise psychology, 2015, 37(2) : pp.127 – 137.

[85] FERRARI M & QUARESIMA V. A brief review on the history of human functional near – infrared spectroscopy (fNIRS) development and fields of application. NeuroImage, 2012, 63 (2) : 921 –935.

[86] FINKEL E J, DALTON A N, CAMPBELL W K, BRUNELL A B, SCARBECK S J & CHARTRAND T L. High-maintenance interaction: inefficient social coordination impairs self-regulation. Journal of personality and social psychology, 2006, 91(91) : pp.456 –475.

[87] FOXEN-CRAFT E & DAHLQUIST L M. Brief submaximal isometric exercise improves cold pressor pain tolerance. Journal of behavioral medicine, 2017, 40(5) : pp.760 –771.

[88] FRÖMER R, LIN H, DEAN WOLF C K, INZLICHT M & SHENHAV A. Expectations of reward and efficacy guide cognitive control allocation. Nature communications, 2021, 12(1) : p.1030.

[89] FUJITA K. On conceptualizing self-control as more than the effortful inhibition of impulses. Personality and social psychology review, 2011, 15(4) : p.352.

[90] FURLEY P, BERTRAMS A, ENGLERT C & DELPHIA A. Ego depletion, attentional control and decision making in sport. Psychology of sport

and exercise, 2013, 14(6): pp. 900 – 904.

[91] GEERAERT N & YZERBYT, V Y. How fatiguing is dispositional suppression? Disentangling the effects of procedural rebound and ego-depletion. European journal of social psychology, 2007, 37(3): pp. 216 – 230.

[92] GELLISH R L, GOSLIN B R, OLSON R E, MCDONALD A, RUSSI G D & MOUDGIL V K. Longitudinal modeling of the relationship between age and maximal heart rate. Medicine & science in sports & exercise, 2007, 39 (5): pp. 822 – 829.

[93] GILLEBAART M & DE RIDDER D T. Effortless self-control: a novel perspective on response conflict strategies in trait self-control. Social and personality psychology compass, 2015, 9(2): pp. 88 – 99.

[94] GIROUARD H & IADECOLA C. Neurovascular coupling in the normal brain and in hypertension, stroke and alzheimer disease. Journal of applied physiology, 2006, 100(1): pp. 328 – 335.

[95] GRAHAM J D & BRAY S R. Self-control strength depletion reduces self-efficacy and impairs exercise performance. Journal of sport & exercise psychology, 2015, 37(5): pp. 477 – 488.

[96] GRIFFIN E W, MULLALLY S, FOLEY C, WARMINGTON S A, O' MARA S M & KELLY A M. Aerobic exercise improves hippocampal function and increases BDNF in the serum of young adult males. Physiology & behavior, 2011, 104(5): pp. 934 – 941.

[97] GROPEL P, BAUMEISTER R F & BECKMANN J. Action versus state orientation and self-control performance after depletion. Personality and social psychology bulletin, 2014, 40(4): pp. 476 – 487.

[98] HAGGER M S & CHATZISARANTIS N L D et al. A multilab preregistered replication of the ego-depletion effect. Perspectives on psychological science, 2016, 11(4): pp. 546 – 573.

[99] HAGGER M S, WOOD C, STIFF C & CHATZISARANTIS N L D. Ego depletion and the strength model of self-control: a meta-analysis. Psychological bulletin, 2010a, 136(4): pp. 495 – 525.

[100] HAGGER M S, WOOD C, STIFF C & CHATZISARANTIS N L D. Self-regulation and self-control in exercise: the strength-energy model. International review of sport and exercise psychology, 2010b, 3 (1): pp. 62 – 86.

[101] HARE T A, CAMERER C F & RANGEL A. Self-control in decision-making involves modulation of the vmPFC valuation system. Science, 2009, 324(5927): pp. 646 – 648.

[102] HARLAND M J & STEELE J R. Biomechanics of the sprint start. Sports med, 1997, 23(1): pp. 11 – 20.

[103] HARVESON A T, HANNON J C, BRUSSEAU T A, PODLOG L, PAPADOPOULOS C, DURRANT L H & KANG K D et al. Acute effects of 30 minutes resistance and aerobic exercise on cognition in a high school sample. Research quarterly for exercise and sport, 2016, 87(2): pp. 214 – 220.

[104] HEATHERTON T F. Neuroscience of self and self-regulation. Annual review of psychology, 2011, 62(1): pp. 363 – 390.

[105] HEATHERTON T F & WAGNER D D. Cognitive neuroscience of self-regulation failure. Trends in cognitive sciences, 2011, 15 (3): pp. 132 – 139.

[106] HENNECKE M, CZIKMANTORI T & BRANDSTÄTTER V. Doing despite disliking: self-regulatory strategies in everyday aversive activities. European journal of personality, 2019, 33(1): pp. 104 – 128.

[107] HIRASAWA A, YANAGISAWA S, TANAKA N, FUNANE T, KIGUCHI M, SORENSEN H & OGOH S et al. Influence of skin blood flow and source-detector distance on near-infrared spectroscopy-determined cerebral

oxygenation in humans. Clinical physiology and functional imaging, 2015, 35
(3): pp. 237 – 244.

[108] HOCKEY G R. Compensatory control in the regulation of human
performance under stress and high workload: a cognitive-energetical framework.
Biological psychology, 1997, 45(1 – 3): pp. 73 – 93.

[109] HOEGER BEMENT M K, DICAPO J, RASIARMOS R &
HUNTER S K. Dose response of isometric contractions on pain perception in
healthy adults. Medicine & science in sports & exercise, 2008, 40(11): pp.
1880 – 1889.

[110] HOFMANN W & KOTABE H. A general model of preventive and
interventive self-control. Social and personality psychology compass, 2012, 6
(10): pp. 707 – 722.

[111] HOFMANN W, FRIESE M & STRACK F. Impulse and self-control
from a dual-systems perspective. Perspectives on psychological science, 2009, 4
(2): pp. 162 – 176.

[112] HOFMANN W, SCHMEICHEL B J & BADDELEY A D. Executive
functions and self-regulation. Trends in cognitive sciences, 2012, 16(3): pp.
174 – 180.

[113] HOLCOMBE A O. Introduction to a registered replication report on
ego depletion. Perspectives on psychological science, 2016, 11 (4): pp.
545 – 545.

[114] HOSHI Y. Functional near-infrared optical imaging: utility and
limitations in human brain mapping. Psychophysiology, 2003, 40 (4): pp.
511 – 520.

[115] HUANG H J & MERCER V S. Dual-task methodology: applications
in studies of cognitive and motor performance in adults and children. Pediatric
physical therapy, 2001, 13(3): pp. 133 – 140.

[116] HUANG T, LARSEN K T, RIED-LARSEN M, MOLLER N C & ANDERSEN L B. The effects of physical activity and exercise on brain-derived neurotrophic factor in healthy humans: a review. Scandinavian journal of medicine & science in sports, 2014, 24(1): pp. 1 – 10.

[117] HWANG J, BROTHERS R M, CASTELLI D M, GLOWACKI E M, CHEN Y T, SALINAS M M & CALVERT H G et al. Acute high-intensity exercise-induced cognitive enhancement and brain-derived neurotrophic factor in young, healthy adults. Neuroscience letters, 2016(630): pp. 247 – 253.

[118] HYODO K, DAN I, KYUTOKU Y, SUWABE K, BYUN K, OCHI G & SOYA H et al. The association between aerobic fitness and cognitive function in older men mediated by frontal lateralization. NeuroImage, 2016 (125): pp. 291 – 300.

[119] HYODO K, DAN I, SUWABE K, KYUTOKU Y, YAMADA Y, AKAHORI M & SOYA H et al. Acute moderate exercise enhances compensatory brain activation in older adults. Neurobiology of aging, 2012, 33(11): pp. 2621 – 2632.

[120] INZLICHT M & BERKMAN E. Six questions for the resource model of control (and some answers). Social science electronic publishing, 2015, 9 (10): pp. 1 – 14.

[121] INZLICHT M, MCKAY L & ARONSON J. Stigma as ego depletion. Psychological science, 2006, 17(3): pp. 262 – 269.

[122] INZLICHT M, SCHMEICHEL B J & MACRAE C N. Why self-control seems (but may not be) limited. Trends in cognitive sciences, 2014, 18 (3): pp. 127 – 133.

[123] INZLICHT M, SHENHAV A & OLIVOLA C Y. The effort paradox: effort is both costly and valued. Trends in cognitive sciences, 2018, 22(4): pp. 337 – 349.

［124］JACKSON W M, DAVIS N, SANDS S A, WHITTINGTON R A & SUN L S. Physical activity and cognitive development: a meta-analysis. Journal of neurosurgical anesthesiology, 2016, 28(4): pp. 373 – 380.

［125］JALLEH G, DONOVAN R J & JOBLING I. Predicting attitude towards performance enhancing substance use: a comprehensive test of the sport drug control model with elite Australian athletes. Journal of science & medicine in sport, 2014, 17(6): pp. 574 – 579.

［126］JOB V, DWECK C S & WALTON G M. Ego depletion—is it all in your head? Implicit theories about willpower affect self-regulation. Psychological science, 2010, 21(11): pp. 1686 – 1693.

［127］JÖBSIS F F. Noninvasive, infrared monitoring of cerebral and myocardial oxygen sufficiency and circulatory parameters. Science, 1977, 198 (4323): pp. 1264 – 1267.

［128］JOYCE J, GRAYDON J, MCMORRIS T & DAVRANCHE K. The time course effect of moderate intensity exercise on response execution and response inhibition. Brain and cognition, 2009, 71(1): pp. 14 – 19.

［129］JURADO M B & ROSSELLI M. The elusive nature of executive functions: a review of our current understanding. Neuropsychology review, 2007, 17(3): pp. 213 – 233.

［130］JURCAK V, TSUZUKI D & DAN I. 10/20, 10/10 and 10/5 systems revisited: their validity as relative head-surface-based positioning systems. NeuroImage, 2007, 34(4): pp. 1600 – 1611.

［131］KAHNEMAN D. Thinking, fast and slow. Toronto: Allen Lane, 2011.

［132］KAVUSSANU M, STANGER N & BOARDLEY I D. The prosocial and antisocial behaviour in sport scale: further evidence for construct validity and reliability. Journal of sports sciences, 2013, 31(11): pp. 1208 – 1221.

［133］ KNAEPEN K, GOEKINT M, HEYMAN E M & MEEUSEN R. Neuroplasticity- exercise-induced response of peripheral brain-derived neurotrophic factor: a systematic review of experimental studies in human subjects. Sports medicine, 2010, 40(9): pp. 765 - 801.

［134］ KOHL M, LINDAUER U, ROYL G, KUHL M, GOLD L, VILLRINGER A & DIRNAGL U. Physical model for the spectroscopic analysis of cortical intrinsic optical signals. Physics in medicine and biology, 2000, 45 (12): pp. 3749 - 3764.

［135］ KOOLE S L & JOSTMANN N B. Getting a grip on your feelings: effects of action orientation and external demands on intuitive affect regulation. Journal of personality and social psychology, 2004, 87(6): pp. 974 - 990.

［136］ KRÖNKE K M, WOLFF M, MOHR H, KRÄPLIN A, SMOLKA M N, BÜHRINGER G & GOSCHKE T. Predicting real-life self-control from brain activity encoding the value of anticipated future outcomes. Psychological science, 2020, 31(3): pp. 268 - 279.

［137］ KUJACH S, BYUN K, HYODO K, SUWABE K, FUKUIE T, LASKOWSKI R & SOYA H et al. A transferable high-intensity intermittent exercise improves executive performance in association with dorsolateral prefrontal activation in young adults. NeuroImage, 2018(169): pp. 117 - 125.

［138］ KURZBAN R, DUCKWORTH A, KABLE J W & MYERS J. An opportunity cost model of subjective effort and task performance. Behavioral and brain sciences, 2013, 36(6): pp. 661 - 679.

［139］ KYLE B N & MCNEIL D W. Autonomic arousal and experimentally induced pain: a critical review of the literature. Pain research & management, 2014, 19(3): pp. 159 - 167.

［140］ LABELLE V, BOSQUE L, MEKARY S & BHERER L. Decline in executive control during acute bouts of exercise as a function of exercise intensity and fitness level. Brain and cognition, 2013, 81(1): pp. 10 – 17.

[141] LABELLE V, BOSQUET L, MEKARY S, VU T T, SMILOVITCH M & BHERER L. Fitness level moderates executive control disruption during exercise regardless of age. Journal of sport & exercise psychology, 2014, 36 (3): pp. 258 – 270.

[142] LAGUË-BEAUVAIS M, BRUNET J, GAGNON L, LESAGE F & BHERER L. A fNIRS investigation of switching and inhibition during the modified Stroop task in younger and older adults. NeuroImage, 2013(64): pp. 485 – 495.

[143] LAMBOURNE K & TOMPOROWSKI P. The effect of exercise-induced arousal on cognitive task performance: a meta-regression analysis. Brain research, 2010(1341): pp. 12 – 24.

[144] LEGRAIN V, DAMME S V, ECCLESTON C, DAVIS K D, SEMINOWICZ D A & CROMBEZ G. A neurocognitive model of attention to pain: behavioral and neuroimaging evidence. PAIN, 2009, 144(3): pp. 230 – 232.

[145] LEVANTHAL H & EVERHART D. Emotion, pain and physical illness. In IZARD C E(Eds.). Emotions in personality and psychopathology. New York: Plenum, 1979: pp. 263 – 298.

[146] LLOYD-FOX S, BLASI A & ELWELL C E. Illuminating the developing brain: the past, present and future of functional near infrared spectroscopy. Neuroscience & biobehavioral reviews, 2010, 34 (3): pp. 269 – 284.

[147] LOPEZ R B, CHEN P H A, HUCKINS J F, HOFMANN W KELLEY, W M & HEATHERTON T F. A balance of activity in brain control and reward systems predicts self-regulatory outcomes. Social cognitive and affective neuroscience, 2017, 12(5): pp. 832 – 838.

[148] LOPEZ R B, HOFMANN W, WAGNER D D, KELLEY W M &

HEATHERTON T F. Neural predictors of giving in to temptation in daily life. Psychological science, 2014, 25(7): pp. 1337 – 1344.

[149] LUCAS S J, AINSLIE P N, MURRELL C J, THOMAS K N, FRANZ E A & COTTER J D. Effect of age on exercise-induced alterations in cognitive executive function: relationship to cerebral perfusion. Experimental gerontology, 2012, 47(8): pp. 541 – 551.

[150] LUDYGA S, GERBER M, BRAND S, HOLSBOER-TRACHSLER E & PÜHSE U. Acute effects of moderate aerobic exercise on specific aspects of executive function in different age and fitness groups: a meta-analysis. Psychophysiology, 2016, 53(11): pp. 1611 – 1626.

[151] LURQUIN J H & MIYAKE A. Challenges to ego-depletion research go beyond the replication crisis: a need for tackling the conceptual crisis. Frontiers in psychology, 2017(8): p. 568.

[152] LURQUIN J H, MICHAELSON L E, BARKER J E, GUSTAVSON D E, BASTIAN C C V, CARRUTH N P & MIYAKE A. No Evidence of the ego-depletion effect across task characteristics and individual differences: a pre-registered study. PLoS one, 2016, 11(2): p. e 0147770.

[153] MAMAYEK C, PATERNOSTER R & LOUGHRAN T A. Self-control as self-regulation: a return to control theory. Deviant behavior, 2017, 38(8): pp. 895 – 916.

[154] MARTIJN C, ALBERTS H J E M, MERCKELBACH H, HAVERMANS R, HUIJTS A & DE VRIES N K. Overcoming ego depletion: the influence of exemplar priming on self-control performance. European journal of social psychology, 2007, 37(2): pp. 231 – 238.

[155] MARTIJN C, TENBULT P, MERCKELBACH H, DREEZENS E, DE VRIES N K, MARTIJN C & DREEZENS E et al. Getting a grip on ourselves: challenging expectancies about loss of energy after self-control. Social

cognition, 2002, 20(6): pp. 441 – 460.

[156] MARTIN GINIS K A & BRAY S R. Application of the limited strength model of self-regulation to understanding exercise effort, planning and adherence. Psychology & health, 2010, 25(10): pp. 1147 – 1160.

[157] MAXWELL J P & MOORES E. The development of a short scale measuring aggressiveness and anger in competitive athletes. Psychology of sport and exercise, 2007, 8(2): pp. 179 – 193.

[158] MCEWAN D, GINIS K A M & BRAY S R. The effects of depleted self-control strength on skill-based task performance. Journal of sport & exercise psychology, 2013, 35(3): pp. 239 – 249.

[159] MCMORRIS T. Chapter 1 — History of research into the acute exercise-cognition interaction: a cognitive psychology approach exercise-cognition interaction. San Diego: Academic Press, 2016: pp. 1 – 28.

[160] MCMORRIS T & GRAYDON J. The effect of incremental exercise on cognitive performance. International journal of sport psychology, 2000, 31 (1): pp. 66 – 81.

[161] MCMORRIS T & HALE B J. Differential effects of differing intensities of acute exercise on speed and accuracy of cognition: a meta-analytical investigation. Brain and cognition, 2012, 80(3): pp. 338 – 351.

[162] MCMORRIS T, TURNER A, HALE B J & SPROULE J. Chapter 4 — Beyond the catecholamines hypothesis for an acute exercise-cognition interaction: a neurochemical perspective. In MCMORRIS T, TURNER A, HALE B J & SPROULE J. Exercise-cognition interaction. San Diego: Academic Press, 2016: pp. 65 – 103.

[163] MEEUSEN R, PIACENTINI M F & MEIRLEIR K D. Brain microdialysis in exercise research. Sports medicine, 2001, 31 (14): pp. 965 – 983.

［164］ MEHTA R K & PARASURAMAN R. Effects of mental fatigue on the development of physical fatigue： a neuroergonomic approach. Human factors, 2014, 56(4)： pp. 645 - 656.

［165］ MELZACK R. The McGill Pain Questionnaire： major properties and scoring methods. PAIN, 1975, 1(3)： pp. 277 - 299.

［166］ MERSKEY H & BOGDUK N. IASP pain terminology. In Classification of chronic pain, Second Edtion, IASP task force on taxonomy, WA： IASP Press, Seattle, 1994： pp. 209 - 214.

［167］ MILHAM M P, BANICH M T & BARAD V. Competition for priority in processing increases prefrontal cortex's involvement in top-down control： an event-related fMRI study of the stroop task. Cognitive brain research, 2003, 17(2)： pp. 212 - 222.

［168］ MISCHEL W, SHODA Y & PEAKE P K. The nature of adolescent competencies predicted by preschool delay of gratification. Journal of perso-nality and social psychology, 1988, 54(4)： pp. 687 - 696.

［169］ MOFFITT T E, ARSENEAULT L, BELSKY D, DICKSON N, HANCOX R J, HARRINGTON H & CASPI A et al. A gradient of childhood self-control predicts health, wealth and public safety. Proceedings of the national academy of sciences of the United States of America, 2011, 108 (7)： pp. 2693 - 2698.

［170］MOORE R D, ROMINE M W, O'CONNOR P J & TOMPOROWSKI P D. The influence of exercise-induced fatigue on cognitive function. Journal of sports sciences, 2012, 30(9)： pp. 841 - 850.

［171］ MURAVEN M & SHMUELI D. The self-control costs of fighting the temptation to drink. Psychology of addictive behaviors, 2006, 20 (2)： pp. 154 - 160.

［172］ MURAVEN M, TICE D M & BAUMEISTER R F. Self-control as

limited resource: Regulatory depletion patterns. Journal of personality and social psychology, 1998, 74(3): pp. 774 – 789.

[173] NASEER N, HONG K S. fNIRS – based brain – computer interfaces: a review. Neurosci, 2015 (9): 3.

[174] NAUGLE K M, FILLINGIM R B & RILEY J L. A meta-analytic review of the hypoalgesic effects of exercise. The journal of pain, 2012, 13 (12): pp. 1139 – 1150.

[175] NEAL A, BALLARD T & VANCOUVER J B. Dynamic self-regulation and multiple-goal pursuit. Annual review of organizational psychology and organizational behavior, 2017, 4(1): pp. 401 – 423.

[176] NEALIS L J, VAN ALLEN Z M & ZELENSKI J M. Positive affect and cognitive restoration: investigating the role of valence and arousal. PloS one, 2016, 11(1): p. e0147275.

[177] NETZ Y, ABU-RUKUN M, TSUK S, DWOLATZKY T, CARASSO R, LEVIN O & DUNSKY A. Acute aerobic activity enhances response inhibition for less than 30min. Brain and cognition, 2016(109): pp. 59 – 65.

[178] NIEUWENHUYS A, OUDEJANS R R. Anxiety and perceptual – motor performance: toward an integrated model of concepts, mechanisms, and processes. Psychol res, 2012 , 76 (6) : 747 – 759.

[179] OOSTERMAN J M, DIJKERMAN H C, KESSELS R P C & SCHER-DER E J A. A unique association between cognitive inhibition and pain sensitivity in healthy participants. European journal of pain, 2010, 14 (10): pp. 1046 – 1050.

[180] PHAN T G & BULLEN A. Practical intravital two-photon microscopy for immunological research: faster, brighter, deeper. Immunology and cell biology, 2010, 88(4): pp. 438 – 444.

［181］PILIANIDIS T, KASABALIS A, MANTZOURANIS N & MAVVIDIS A. Start reaction time and performance at the sprint events in the Olympic Games. Kinesiology, 2012, 44(1): pp. 67 - 72.

［182］PONTIFEX M B & HILLMAN C H. Neuroelectric and behavioral indices of interference control during acute cycling. Clinical neurophysiology, 2007, 118(3): pp. 570 - 580.

［183］REED J & BUCK S. The effect of regular aerobic exercise on positive-activated affect: a meta-analysis. Psychology of sport and exercise, 2009, 10(6): pp. 581 - 594.

［184］REED J & ONES D S. The effect of acute aerobic exercise on positive activated affect: a meta-analysis. Psychology of sport and exercise, 2006, 7(5): pp. 477 - 514.

［185］ROBERGS R & LANDWEHR R. The surprising history of the "HRmax = 220 - age" equation. Journal of exercise physiology online, 2005 (5): pp. 1 - 10.

［186］ROOKS C R, THOM N J, MCCULLY K K & DISHMAN R K. Effects of incremental exercise on cerebral oxygenation measured by near-infrared spectroscopy: a systematic review. Progress in neurobiology, 2010, 92(2): pp. 134 - 150.

［187］RYAN R M & DECI E L. Self-determination theory and the facilitation of intrinsic motivation, social development and well-being. American psychologist, 2000, 55(1): pp. 68 - 78.

［188］SANDERS A F. Towards a model of stress and human performance. Acta psychologica, 1983, 53(1): pp. 61 - 97.

［189］SCHMIT C, DAVRANCHE K, EASTHOPE C S, COLSON S S, BRISSWALTER J & RADEL R. Pushing to the limits: the dynamics of cognitive control during exhausting exercise. Neuropsychologia, 2015(68): pp. 71 - 81.

［190］SHAFIZADEH M，MCMORRI T & SPROULE J. Effect of different external attention of focus instruction on learning of golf putting skill. Perceptual and motor skills，2011，113(2)：pp. 662 – 670.

［191］SHENHAV A. The perils of losing control：why self-control is not just another value-based decision. Psychological inquiry，2017，28 (2 – 3)：pp. 148 – 152.

［192］SHENHAV A，BOTVINICK M M & COHEN J D. The expected value of control：an integrative theory of anterior cingulate cortex function. Neuron，2013，79(2)：pp. 217 – 240.

［193］SHENHAV A，COHEN J D & BOTVINICK M M. Dorsal anterior cingulate cortex and the value of control. Nature neuroscience，2016，19(10)：pp. 1286 – 1291.

［194］SIBLEY B A，ETNIER J L & MASURIER G C L. Effects of an acute bout of exercise on cognitive aspects of Stroop performance. Journal of sport & exercise psychology，2006，28(3)：pp. 285 – 299.

［195］SOFIA R M & CRUZ J F A. Self-control as a mechanism for controlling aggression：a study in the context of sport competition. Personality and individual differences，2015(87)：pp. 302 – 306.

［196］SOGA K，SHISHIDO T & NAGATOMI R. Executive function during and after acute moderate aerobic exercise in adolescents. Psychology of sport and exercise，2015(16)：pp. 7 – 17.

［197］STOLZMAN S & BEMENT M H. Does exercise decrease pain via conditioned pain modulation in adolescents? Pediatric physical therapy，2016，28(4)：pp. 470 – 473.

［198］STOYCOS S A，DEL PIERO L，MARGOLIN G，KAPLAN J T & SAXBE D E. Neural correlates of inhibitory spillover in adolescence：associations with internalizing symptoms. Social cognitive and affective neuroscience，2017，

12(10): pp. 1637 – 1646.

[199] STROOP J R. Studies of interference in serial verbal reactions. Journal of experimental psychology, 1935, 28(1): pp. 643 – 662.

[200] TAM N D. Improvement of processing speed in executive function immediately following an increase in cardiovascular activity. Cardiovascular psychiatry and neurology, 2013(4): p. 212767.

[201] TANG N K Y, SALKOVSKIS P M, HODGES A, WRIGHT K J, HANNA M & HESTER J. Effects of mood on pain responses and pain tolerance: an experimental study in chronic back pain patients. PAIN, 2008, 138(2): pp. 392 – 401.

[202] TANGNEY J P, BAUMEISTER R F & BOONE A L. High self-control predicts good adjustment, less pathology, better grades and interpersonal success. Journal of personality, 2004, 72(2): pp. 271 – 324.

[203] TEMPEST G D, DAVRANCHE K, BRISSWALTER J, PERREY S & RADEL R. The differential effects of prolonged exercise upon executive function and cerebral oxygenation. Brain and cognition, 2017 (113): pp. 133 – 141.

[204] TICE D M, BAUMEISTER R F, SHMUELI D & MURAVEN M. Restoring the self: positive affect helps improve self-regulation following ego depletion. Journal of experimental social psychology, 2007, 43 (3): pp. 379 – 384.

[205] TOMPOROWSKI P D. Methodological issues: research approaches, research design and task selection. In MCMORRIS T, TOMPOROWSI P & AUDIFFREN (Eds.). Exercise and cognitive function. New York: John Wiley & Sons, Ltd, 2009: pp. 91 – 113.

[206] TONG E M W, TAN K W T, CHOR A A B, KOH E P S, LEE J S Y & TAN R W Y. Humility facilitates higher self-control. Journal of

experimental social psychology, 2016(62): pp. 30 – 39.

[207] TSAI C-L, UKROPEC J, UKROPCOVÁ B & PAI M-C. An acute bout of aerobic or strength exercise specifically modifies circulating exerkine levels and neurocognitive functions in elderly individuals with mild cognitive impairment. NeuroImage: clinical, 2018(17): pp. 272 – 284.

[208] TSUKAMOTO H, SUGA T, TAKENAKA S, TANAKA D, TAKEUCHI T HAMAOKA T & HASHIMOTO T et al. Greater impact of acute high-intensity interval exercise on post-exercise executive function compared to moderate-intensity continuous exercise. Physiology & behavior, 2016a(155): pp. 224 – 230.

[209] TSUKAMOTO H, SUGA T, TAKENAKA S, TANAKA D, TAKEUCHI T, HAMAOKA T & HASHIMOTO T et al. Repeated high-intensity interval exercise shortens the positive effect on executive function during post-exercise recovery in healthy young males. Physiology & behavior, 2016b(160): pp. 26 – 34.

[210] TSUKAMOTO H, TAKENAKA S, SUGA T, TANAKA D, TAKEUCHI T, HAMAOKA T & HASHIMOTO T et al. Effect of exercise intensity and duration on postexercise executive function. Medicine & science in sports & exercise, 2017, 49(4): pp. 774 – 784.

[211] TUK M A, TRAMPE D & WARLOP L. Inhibitory spillover: increased urination urgency facilitates impulse control in unrelated domains. Psychological science, 2011, 22(5): pp. 627 – 633.

[212] TUK M A, ZHANG K & SWELDENS S. The propagation of self-control: self-control in one domain simultaneously improves self-control in other domains. Journal of experimental psychology: general, 2015, 144(3): pp. 639 – 654.

[213] TUSCHE A & HUTCHERSON C A. Cognitive regulation alters social

and dietary choice by changing attribute representations in domain-general and domain-specific brain circuits. ELife, 2018(7): p. e31185.

[214] TYLER J M. In the eyes of others: monitoring for relational value cues. Human communication research, 2008, 34(4): pp. 521 – 549.

[215] TYLER J M & BURNS K C. After depletion: the replenishment of the self's regulatory resources. Self & identity, 2008, 7(3): pp. 305 – 321.

[216] TYLER J M & BURNS K C. Triggering conservation of the self's regulatory resources. Basic and applied social psychology, 2009, 31(3): pp. 255 – 266.

[217] VACHA-HAASE T, NILSSON J E, REETZ D R, LANCE T S & THOMPSON B. Reporting practices and APA editorial policies regarding statistical significance and effect size. Theory & psychology, 2000, 10(3): pp. 413 – 425.

[218] VANDERHASSELT M-A, DE RAEDT R, BAEKEN C, LEYMAN L & D'HAENEN H. The influence of rTMS over the left dorsolateral prefrontal cortex on Stroop task performance. Experimental brain research, 2006, 169(2): pp. 279 – 282.

[219] VILLRINGER A & CHANCE B. Non-invasive optical spectroscopy and imaging of human brain function. Trends in neurosciences, 1997, 20(10): pp. 435 – 442.

[220] VOHS K D & FABER R J. Spent resources: self-regulatory resource availability affects impulse buying. Journal of consumer research, 2007, 33(4): pp. 537 – 547.

[221] WAGSTAFF C R. Emotion regulation and sport performance. Journal of sport & exercise psychology, 2014, 36(4): pp. 401 – 412.

[222] WENZEL M, CONNER T & KUBIAK T. Understanding the limits of self-control: positive affect moderates the impact of task switching on

consecutive self-control performance. European journal of social psychology, 2013, 43(3): pp. 175 - 184.

[223] WENZEL M, KUBIAK T & CONNER T S. Positive affect and self-control: attention to self-control demands mediates the influence of positive affect on consecutive self-control. Cognition & emotion, 2014, 28(4): pp. 747 - 755.

[224] WERLE C O C, WANSINK B & PAYNE C R. Is it fun or exercise? The framing of physical activity biases subsequent snacking. Marketing letters, 2014, 26(4): pp. 691 - 702.

[225] WESTBROOK A, KESTER D & BRAVER T S. What is the subjective cost of cognitive effort? Load, trait, and aging effects revealed by econo-mic preference. PloS one, 2013, 8(7): p. e68210.

[226] WHITE B A & TURNER K A. Anger rumination and effortful control: mediation effects on reactive but not proactive aggression. Personality and individual differences, 2014(56): pp. 186 - 189.

[227] WÖSTMANN N M, AICHERT D S, COSTA A, RUBIA K, MÖLLER H-J & ETTINGER U. Reliability and plasticity of response inhibition and interference control. Brain and cognition, 2013, 81(1): pp. 82 - 94.

[228] XU X, DEMOS K E, LEAHEY T M, HART C N, TRAUTVETTER J, COWARD P & WING R R et al. Failure to replicate depletion of self-control. PloS one, 2014, 9(10): p. e109950.

[229] XU X, DENG Z Y, HUANG Q, ZHANG W X, QI C Z & HUANG J A. Prefrontal cortex-mediated executive function as assessed by Stroop task performance associates with weight loss among overweight and obese adolescents and young adults. Behavioural brain research, 2017(321): pp. 240 - 248.

[230] YANAGISAWA H, DAN I, TSUZUKI D, KATO M, OKAMOTO M, KYUTOKU Y & SOYA H. Acute moderate exercise elicits increased dorsolateral prefrontal activation and improves cognitive performance with Stroop

test. NeuroImage, 2010, 50(4): pp. 1702 – 1710.

[231] ZHU Z, LI J, ZHANG B, LI Y & ZHANG H. The effect of motivation and positive affect on ego depletion: replenishment versus release mechanism. International journal of psychology, 2017, 52(6): pp. 445 – 452.

[232] ZIMEO MORAIS G A, BALARDIN J B & SATO J R. fNIRS Optodes' location decider (fOLD): a toolbox for probe arrangement guided by brain regions-of-interest. Scientific reports, 2018(8): p. 3341.

[233] ZOU Z, LIU Y, XIE J & HUANG X. Aerobic exercise as a potential way to improve self-control after ego-depletion in healthy female college students. Frontiers in psychology, 2016 (7): p. 501.

[234] 陈爱国, 殷恒婵, 王君, 李鑫楠, 宋争. 短时中等强度有氧运动改善儿童执行功能的磁共振成像研究. 体育科学, 2011, 31 (10): 35 – 40.

[235] 陈小平. 运动训练生物学基础模型的演变: 从超量恢复学说到运动适应理论. 体育科学, 2017, 37 (1): 3 – 13.

[236] 董军, 付淑英, 卢山, 杨绍峰, 齐春辉. 自我控制失败的理论模型与神经基础. 心理科学进展, 2018, 26 (1): 134 – 143.

[237] 董蕊, 张力为. 运动员的自我损耗: 干扰任务的实验方法探讨. 天津体育学院学报, 2010, 25 (6): 541 – 545.

[238] 窦凯, 聂衍刚, 王玉洁, 黎建斌, 沈汪兵. 自我损耗促进冲动决策: 来自行为和 ERPs 的证据. 心理学报, 2014, 46 (10): 1564 – 1579.

[239] 范伟, 钟毅平, 李慧云, 孟楚熠, 游畅, 傅小兰. 欺骗判断与欺骗行为中自我控制的影响. 心理学报, 2016, 48 (7): 845 – 856.

[240] 费定舟, 钱东海, 黄旭辰. 利他行为的自我控制过程模型: 自我损耗下的道德情绪的正向作用. 心理学报, 2016, 48 (9): 1175 – 1183.

[241] 郭莹. 执行意向对自控损耗的影响. 北京: 北京体育大学, 2012.

［242］胡竹菁，戴海琦．方差分析的统计检验力和效果大小的常用方法比较．心理学探新，2011，31（3）：254-259.

［243］黎建斌．自我控制资源与认知资源相互影响的机制：整合模型．心理科学进展，2013，21（2）：235-242.

［244］李君，冯艺，韩济生，等．中文版简版 McGill 疼痛问卷 2 的制定与多中心验证．中国疼痛医学杂志，2013，19（1）：42-46.

［245］孟景，沈林，TODD J，陈红．疼痛对心理的影响及其机制．心理科学进展，2011，19（10）：1493-1501.

［246］世界反兴奋剂机构．2014 Anti-doping testing figures report.

［247］孙拥军．自我控制损耗对运动员操作表现的影响．北京：北京体育大学，2008.

［248］谭树华，郭永玉．大学生自我控制量表的修订．中国临床心理学杂志，2008，16（5）：468-470.

［249］田麦久，刘筱英．论竞技运动项目的分类．体育科学，1984，4（3）：41-46.

［250］王莹莹，周成林．急性有氧运动的强度与抑制能力的剂量关系：来自 ERP 的证据．体育科学，2014，34（11）：42-49.

［251］文世林，夏树花，李怜军，杨阳，谭正则，蒋长好．急性有氧运动对大学生执行功能的影响：来自 fNIRS 和行为实验的证据．天津体育学院学报，2015a，30（6）：526-531，537.

［252］文世林，夏树花，李思，蒋长好．急性有氧负荷对老年人执行功能的影响：来自 fNIRS 和行为实验的证据．体育科学，2015b，35（10）：37-45.

［253］项明强，张力为．自我控制的力量模型：竞技领域中的研究进展．体育科学，2016，36（8）：67-78.

［254］项明强，张力为，张阿佩，杨红英．自我损耗对运动表现影响的元分析．心理科学进展，2017，25（4）：570-585.

［255］叶佩霞，朱睿达，唐红红，买晓琴，刘超．近红外光学成像在社会认知神经科学中的应用．心理科学进展，2017，25（5）：731－741.

［256］于斌，乐国安，刘惠军．自我控制的力量模型．心理科学进展，2013，21（7）：1272－1282.

［257］于斌，乐国安，刘惠军．工作记忆能力与自我调控．心理科学进展，2014，22（5）：772－781.

［258］詹鋆，任俊．自我控制与自我控制资源．心理科学进展，2012，20（9）：1457－1466.

［259］张晓波，迟立忠．情绪调节与自控能力对足球运动员决策的影响．北京体育大学学报，2013，36（8）：83－88.

［260］张烨，张力为．运动员自我控制训练的分类研究进展．中国运动医学杂志，2017，36（10）：910－914.

［261］赵鑫，李冲．短时有氧运动对抑制控制功能的影响：效果、机制及展望．中国体育科技，2017，53（2）：125－133.

［262］吴颖．自我损耗对大学生运动员理性冒险行为的影响．北京：北京体育大学，2014.

［263］周基营．他人成败信息对自我损耗效应的调节作用．北京：北京体育大学，2015.

［264］周基营，张力为．他人成败信息对认知任务自我损耗效应的调节作用．体育科学，2016，36（2）：41－50.

附　录

附录 A　认知神经科学实验知情同意书

研究背景介绍：

您即将参加一项由广州体育学院运动心理实验室组织的研究，这是为了探究急性有氧运动改善自我控制这一高级脑功能，本次实验评估预计用时 60 分钟，由于您符合被试的条件，特邀您参加此项实验。

此份知情同意书将提供一些信息帮助您判断是否参与此项研究。参与此项研究应本着自愿原则，如同意参与此项研究，请阅读下列说明：

有相关研究表明急性有氧运动能改善自我控制，本实验的目的是了解一次性运动（大约 30 分钟）对脑功能的影响，并使用"功能性近红外光谱成像仪（fNIRS）"进行评估。

（1）评估要求：实验前一天保持充足睡眠，不可以进行高强度运动、饮酒、喝咖啡。

（2）正式实验：由实验人员帮助您试佩戴好功能性近红外光谱成像仪的探测帽，完成运动干预和自我控制任务测试。

（3）实验过程要求：仔细且迅速判断自我控制任务，身体尽量保持静止不动（主要是头部）。

（4）研究可能受益：通过本次实验，我们将对您的脑功能进行综合评估，您将得到一份评估报告。

（5）研究风险与不适：本次实验的内容对人体无任何危害（包括仪器辐射），对于我们收集到的信息，我们将严格保密。

（6）自由退出：作为被试，您可以随时了解与本研究相关的信息资料和研究进展，自愿决定是否继续该实验。参加过程中，无论是否发生伤害，是否严重，您均可以选择在任何时候通知研究者退出研究。您的权益也不会因此受到影响。

知情同意签字：

我已经仔细阅读了本知情同意书，并且研究者也将实验目的、内容、风险及受益情况向我做了详细的解释说明，对我询问的问题也给予了解答，我已了解此项实验并自愿参与此项实验。

被试签名：＿＿＿＿＿＿＿＿

日期：　　年　　月　　日

附录 B　身体活动量表（IPAQ 短问卷）

（1）最近 7 天内，您有几天做了剧烈的体育活动，像是提重物、挖掘、有氧运动或是快速骑车？每周____ 天

☐无相关体育活动　→跳到问题（3）

（2）在这其中 1 天您通常会花多少时间在剧烈的体育活动上？

每天____ 小时____ 分钟

☐不知道或不确定

（3）最近 7 天内，您有几天做了适度的体育活动，像是提轻的物品、以平常的速度骑车或打双人网球？请不要包括走路。每周____ 天

☐无适度体育活动　→跳到问题（5）

（4）在这其中 1 天您通常会花多少时间在适度的体育活动上？

每天____ 小时____ 分钟

☐不知道或不确定

（5）最近 7 天内，您有几天是步行，且 1 次步行至少 10 分钟？每周____ 天

☐没有步行　→跳到问题（7）

（6）在这其中 1 天您通常花多少时间在步行上？

每天____ 小时____ 分钟

☐不知道或不确定

（7）最近七天内，工作日您有多久时间是坐着的？

每天____ 小时____ 分钟

☐不知道或不确定

简介：

IPAQ 短卷共 7 道题，其中 6 道询问个体的体力活动情况。IPAQ 短卷

中步行的 MET 赋值为3.3，中等强度活动的赋值为4.0，高强度活动的赋值为8.0。

每周从事某种强度体力活动的水平为：

该体力活动对应的 MET 赋值×每周频率（d/w）×每天时间（min/d）

分组标准：

分组	标准
高水平	满足下述2条标准中任何1条: （1）各类高强度体力活动合计≥3d，且每周总体力活动水平≥1 500METs/w； （2）3种强度的体力活动合计≥7d，且每周总体力活动水平≥3 000METs/w
中水平	满足下述3条标准中任何1条: （1）满足每天至少20min的各类高强度体力活动，合计≥3d； （2）满足每天至少30min的各类中等强度和/或步行类活动，合计≥5d； （3）3种强度的体力活动合计≥5d，且每周总体力活动水平≥600METs/w
低水平	满足下述2条标准中任何1条: （1）没有报告任何活动； （2）报告了一些活动，但是尚不满足上述高、中分组标准。

附录 C 特质自我控制量表

指导语：请指出下列每条描述在多大程度上反映了您的情况，并尽量按第一反应选出相应选项，并在对应的位置打个"√"，结果完全保密，请放心作答！请勿漏答或不答。

描述	完全不符合	不符合	不确定	符合	完全符合
（1）我能很好地抵制诱惑	1	2	3	4	5
（2）对我来说改掉坏习惯是困难的	1	2	3	4	5
（3）我是懒惰的	1	2	3	4	5
（4）我会做些能给自己带来快乐但对自己有害的事情	1	2	3	4	5
（5）人们相信我能坚持行动计划	1	2	3	4	5
（6）对我来说，早上起床是件困难的事	1	2	3	4	5
（7）大家说我是冲动的	1	2	3	4	5
（8）我太能花钱了	1	2	3	4	5
（9）我会因为情感而激动得不能自持	1	2	3	4	5
（10）我做的很多事情是因为一时冲动	1	2	3	4	5
（11）大家说我有钢铁般的自制力	1	2	3	4	5
（12）有时我会被有趣的事情干扰而不能按时完成任务	1	2	3	4	5
（13）我难以集中注意力	1	2	3	4	5
（14）我能为了一个长远目标高效地工作	1	2	3	4	5
（15）有时我会忍不住去做一些事情，即使我知道那样做是错误的	1	2	3	4	5
（16）我常常考虑不周就付诸行动	1	2	3	4	5
（17）我太容易发脾气	1	2	3	4	5
（18）我经常打扰别人	1	2	3	4	5
（19）我有时会饮酒或上网过度	1	2	3	4	5

评分标准:

冲动控制包括6道题目: 7、9、10、16、17、18;

健康习惯包括3道题目: 2、3、6;

抵制诱惑包括4道题目: 1、5、11、15;

专注工作包括3道题目: 12、13、14;

节制娱乐包括3道题目: 4、8、19。

其中,正向计分题4道: 1、5、11、14; 其他题目为反向计分题, 共15道。

附录 D　简明情绪量表

指导语： 下面字词描述你目前的情绪状态，请根据自己的情况做出选择。各层级分别代表"完全不符合～完全符合"。

描述	完全不符合	很不符合	不符合	不确定	符合	很符合	完全符合
（1）活泼的	1	2	3	4	5	6	7
（2）愉快的	1	2	3	4	5	6	7
（3）忧伤的	1	2	3	4	5	6	7
（4）疲惫的	1	2	3	4	5	6	7
（5）舒适的	1	2	3	4	5	6	7
（6）满足的	1	2	3	4	5	6	7
（7）沮丧的	1	2	3	4	5	6	7
（8）心神不宁的	1	2	3	4	5	6	7
（9）昏昏欲睡的	1	2	3	4	5	6	7
（10）不高兴的	1	2	3	4	5	6	7
（11）充满活力的	1	2	3	4	5	6	7
（12）紧张的	1	2	3	4	5	6	7
（13）平静的	1	2	3	4	5	6	7
（14）轻松的	1	2	3	4	5	6	7
（15）厌倦的	1	2	3	4	5	6	7
（16）积极活跃的	1	2	3	4	5	6	7

评价标准：

采用单一维度计分，将所有题目项分数相加。

其中 3、4、7、8、9、10、12、15 为反向计分。

附录 E 主观用力感 (RPE)

RPE 是瑞典心理学家 Brog 根据心理学原则制定的一种被试在运动时自己感觉和确认负荷量大小的表格，也称为"自认劳累分级表"，共分 6~20 级。RPE 报告分数不仅能表示整个机体的主观疲劳感受，还可以反映局部肌肉疲劳状态。

指导语：在刚才运动（或休息中），您自我感觉用力的分值是多少？

RPE 等级	主观感觉
6	非常轻
7	
8	
9	很轻
10	
11	轻
12	
13	有点用力
14	
15	用力
16	
17	很用力
18	
19	非常用力
20	

附录 F　中文版简版 McGill 疼痛问卷

指导语： 下面字词描述你目前的情绪状态，请根据自己的情况做出选择。各层级分别代表"无至最剧烈"。

1. 疲惫 – 无力

无	0	1	2	3	4	5	6	7	8	9	10	最剧烈

2. 令人厌恶的

无	0	1	2	3	4	5	6	7	8	9	10	最剧烈

3. 害怕

无	0	1	2	3	4	5	6	7	8	9	10	最剧烈

4. 折磨 – 惩罚感

无	0	1	2	3	4	5	6	7	8	9	10	最剧烈

后 记

自 2015 年 9 月师从张力为教授以来，在攻读博士期间，恩师既执着浩然、追求卓越、严谨求真，又以淡泊名利、春风化雨的大家风范，于润物细无声间培育了我质朴的科学精神和纯真的价值观。恩师深谙育人之道，使我系统掌握了运动心理学的基本体系和框架。恩师学术眼光敏锐独到，在研究方向上，径直将我带入"自我控制"这一学术前沿；在研究思路和方法上，恩师循循善诱地培养我开展运动心理学的实验研究，不但为我打下坚实的实验心理学基础，而且使我掌握了最新的科研方法和统计方法。正是恩师的这些指引和影响，使我有条件选择"急性有氧运动对自我控制影响及其脑机制"作为博士学位论文的课题。本书的选题、构思、设计和撰写无不凝聚着恩师的智慧和心血。值本书出版之际，学生发自内心的愿望是向恩师表达由衷的感激之情，一日为师，终身为父。

北京体育大学心理学院蜚声中外，名师云集，能在此攻读博士并完成博士学位论文是我人生之大幸。在学期间，通过听课、实践和交流，本人的运动心理学专业视野、方法素养、治学精神和认知结构获得了长足提升。在此，谨向毛志雄教授、迟立忠教授、褚跃德教授、姜媛教授、张禹副教授、王英春副教授、郭璐副教授、张国礼副教授、李杰老师和王莉老师等授课教师表示真诚的感谢！

在 2018 年博士顺利毕业之后，我回到原单位广州体育学院工作，致力于开展运动认知神经科学研究，发表了系列研究成果。我们团队发现，自我控制在个体成长中发挥重要作用，若缺乏自我控制，个体可能会产生系列心理行为问题。为此，我将研究点聚焦在手机依赖群体，试图利用运动干预方式来提升手机依赖群体的自我控制能力，并在 2018 年获得了国家社科基金项目"运动对青少年手机依赖的干预研究"立项。在这 5 年期间，我对自我控制相关研究有了更深的认识，决定对博士学位论文相关内容进行补充和完善，例如增加了双系统模型、选择模型、自我控制的过程模型等相关理论模型，详细概述了运动领域中自我控制的研究进展，最终在 2022 年付梓。

本书实验部分的全部实验是在广州体育学院的运动心理实验室完成的。广州体育学院的领导和老师们为实验的实施提供了功率自行车和 fNIRS 等设备的保障。2015 级本科生许泽波同学（现于香港中文大学攻读博士）在组织被试和 fNIRS 数据处理方面做了大量工作。在此，谨向他们的帮助和支持致以诚挚感谢！在攻读博士期间，最让人难以忘怀的是，每一次师门的读书会，无论是自己报告，还是听别人报告，我总有意想不到的收获；虽然我后期常常不能亲临现场听报告，但阅读上传到邮箱的文献和课件时，仍倍感师门的亲切，这让我受益匪浅，感谢每一位张门弟子为读书会的辛勤付出。此外，我还要感谢广州体育学院对书稿提供资助，感谢暨南大学出版社编校人员的辛勤劳动。

最后，我挚爱的妻子高华清为了使我能按时顺利完成学业，在我漫长的 3 年读博期间为我付出了巨大牺牲，承担了诸多本应由我肩负的责任和义务，而我却很少陪伴她，为她排忧解难，这常使我心生不安和愧疚，难以释怀。还有我的父母、岳父岳母，悉心照顾我可爱的女儿和儿子，值此之际，我深情地感激他们的支持和付出。

本书涉及最前沿的脑科学研究，加之笔者能力和精力有限，书中仍存在不足和纰漏，敬请读者批评和指正。

项明强
2022 年于广州